生态优先为本

美景存世予人

青浩军题 以文书

"生态优先为本　美景存世予人"　书画家谭以文书

園林拾論

园林拾论

李浩年 著

东南大学出版社·南京

序一

浩年同志在近四十年职业生涯中，注重跨学科融合及技术创新，创作了众多设计水平高、社会影响大的设计作品，在风景园林设计技术创新方面成效显著。同时，他在风景园林规划设计理论研究领域也有着一定的独特思考。这本《园林拾论》表述了他在园林设计创作、生态环境、园林与文化遗产等十个方面探讨性的研究，涉及行业关注的热点和行业发展的方方面面，既有对一些专业理论的诠释，也有对行业发展趋势的研判，同时体现了其扎实的专业基本功，对研究、探讨风景园林专业的传承发展具有积极意义。

读了浩年同志这本新作的草稿，我总的感觉就是四个字：文如其人。全文梳理解析，微言大义，字里行间都能发现作者低调的专业素养和情怀。十个话题都很接地气，不废话，不绕弯，不故弄玄虚，不心灵鸡汤，单刀直入，通俗表达。有些话看似信口闲聊，细细读来却丝丝入扣，用轻松的语言破解高深的专业理论，总结诠释了风景园林规划设计行业的相关逻辑与基本规则。

所谓学术，我粗浅地认为做到说实话、讲道理、接地气，足矣！

读完全文也能看出浩年这几年经历得多、想得也多……

本书对于风景园林从业者把握好风景园林的核心内涵，感悟风景园林规划设计的精髓，提高园林艺术修养水平及实操应用，都有相当实用的指导意义。

朱祥明

2021 年 7 月 8 日

序二

园林艺术反映了人与自然的关系，是人类文化的重要组成部分。随着社会的进步，人们对高品质生活环境的诉求增多，具有悠久历史的园林艺术已发展到以统筹资源、营建可持续人居生态环境为主旋律阶段。

改革开放四十多年来，伴随城市日新月异的发展，我国风景园林规划设计领域发生了巨大的变化，传承历史、借鉴当下、探索未来，当代风景园林事业致力于系统改善、营造、运维高质量的城乡人居环境。李浩年先生基于近四十年的实践与思考，著《园林拾论》一书，就"论园林传承与思想、论园林设计创作、论园林生态环境、论园林与文化遗产、论园林更新与发展、论园林建筑与小品、论园林与公共艺术、论园林植物配植、论园林庭院设计、论园林设计与施工"十个专题展开论述，从形而上到形而下，涵盖理论思考与工程技术，深入浅出、夹叙夹议、言之有物、通俗易懂，反映了作者务实的设计理念与实践水准，相关论述对于推动当代风景园林设计实践具有积极意义。

成玉宁

2021 年 7 月 10 日

序三

中国园林历史悠久，中国的造园强调人与自然的和谐相处，造园艺术追求"生境、画境、意境"的创作，以达到"虽由人作，宛自天开"的审美情趣。除中国古典园林外，园林设计还包括城市公园绿地设计、风景名胜区规划、绿地系统规划、生态修复、城市更新等方面的工作，未来我们更要致力于保护生态系统，创造优美人居环境，着力营造孟兆祯先生所说的"诗意栖居境，生生不息景"。

目前，中国园林应在"推进生态文明建设，建设美丽中国"的大时代背景下，树立尊重自然、顺应自然、保护自然的生态文明理念，弘扬中国园林优秀文化，提升园林发展的潜力与实力，突出重点，分步实施，分级推进，以实现园林的可持续发展。

我和李浩年先生相识多年，他从事园林规划设计近四十年，实践经验丰富，理论功底扎实。他在创作中思考，在思考中创作，提出了"生态优先为本，美景存世予人"的独到见解。他说的"认定自己喜欢的事业，然后坚定不移地走下去"这句话给我留下了深刻的印象。

他的新作《园林拾论》一书，由文化传承到创新发展，由传统古典到生态更新，由园林建筑到植物配植，由艺术设计到园林施工，通过项目案例，系统、生动、详实地介绍了中国园林发展历程和展望，这也是李浩年先生在园林行业躬行践履的见证。相信这本书不仅对园林设计从业者，而且对于园林管理者、热爱园林的人们都会有帮助。

中国园林是中华文化的载体，是人民对美的追求，是优美生态环境的代表，是符合人性的游赏空间。让我们自觉践行文化自信，不断创作实践，让更多的园林专著带领中国园林走向世界。

贺风春

2021 年 7 月 15 日于苏州

前言

　　园林与人类进程、社会发展息息相关，反映了人与自然的关系，是人类文明的重要部分。颐和园、拙政园、留园、寄畅园、豫园、个园、瞻园等许多精美的"中国传统园林成为世界文化遗产"。社会进步、物质富足、文化需求、休憩风景、生态环境等促进了园林事业的发展。园林起源于"囿苑"，盛于明清，兴在现代，它已从"传统园林"、风景园林、园林景观概念趋向美丽生态环境，成为改善城市和乡村环境的重要方面，"生态优先为本，美景存世予人"符合园林发展特征，成为园林建设的指导思想。

　　由于历史文献资料的缺失，使得我国造园以自然为师、以画为本、模山范水、讲究意境情趣，而造园匠师们"口口相传"的技艺缺乏科学体系，成为"物质文化遗产"。直至明代计成《园冶》1634年刊行问世，才有了"园林"造园专著，使造园技艺系统化、艺术化，奠定了造园基础理论。20世纪后我国园林开始有了科学的"数据"测绘与设计，《江南园林志》《苏州古典园林》等从现代科学角度诠释了中国传统园林的布局、构成、意境等。近三十年来伴随着城市日新月异的发展，园林也有了翻天覆地的变化，"传统园林"只是园林中的一个重要部分，大量的园林专业工作是从生态环境角度去研究落实改善城市环境、乡村环境，提供人们休憩、观赏的公共绿色景观空间。

　　《园林拾论》包括"论园林传承与思想、论园林设计创作、论园林生态环境、论园林与文化遗产、论园林更新与发展、论园林建筑与小品、论园林与公共艺术、论园林植物配植、论园林庭院设计、论园林设计与施工"十个方面，既涉及传统又有当今社会关注的方方面面，以及园林的发展方向，更重要的是有助于从事园林事业的读者能感悟到园林的"内容"，能够把握方向进入"角色"。尽管每一"论"从风景园林行业角度都有过相关的研究论述成果，但仍有必要系统地整理、整合研究。《园林拾论》的最大特点是体验、感悟与实际的结合，思想性强，通俗易懂，对提高研究、探讨专业理论与实践具有积极意义。

附文注重园林思想的形成与园林发展方向。附图多以草稿形式体现园林设计的基本内容与基本表达，不求单项的全面，注重表达设计的基本思路，从另一方面体现了设计基本功的重要性。思想上定位的准确与设计功底的扎实会让每一位从业者站得更高、走得更远，时刻迎接社会发展的挑战，抓住社会发展的机遇，促进园林事业的进一步发展。

本书也有助于自然、国土、规划、生态、城市管理等部门进一步了解园林，把握园林的"现代"定位，为创造优美生态环境目标共同奋斗。

李浩年

2021 年 6 月 5 日

目录

一、论园林传承与思想

造园从历史起源上可归纳为中国、欧洲和西亚三大体系，东西方古典园林各有特点。至公元16世纪中叶，东、西园林达极盛年代，不断的实践将造园艺术推至顶峰。

中国园林历史悠久，记载始于殷、周，由"囿"至"苑"，由"苑"至"园"。"囿"为菜圃猎场，"苑"为花果离宫，"园"为乐园御苑。至明、清园林盛况空前，园林成为官员、文人、商人、皇家贵族居住、游赏环境的一部分，宗祠、庙宇也往往园林化。园林思想上表现为纵情山水、写意自然、文人意境、隐居生活和禅意思维，创作上以山水画卷为蓝本，以诗情画意为追求，并由于区域自然条件、人文习惯等差异形成各具特点的、相对固定的地域性传统园林风格。由计成于崇祯四年（公元1631年）成稿、崇祯七年（公元1634年）刊行的《园冶》，成为中国园林史上的第一部造园专著，该书至今为园林专业必读书籍。"巧于因借，精在体宜""虽由人作，宛自天开"的精辟妙语成为造园思想与品园之则，并由此确立了模山范水、山水园林的造园法则。随着社会进步，西方理念的输入，社会的认可，园林的公共性、开放性成为大众需求，并引导了园林发展的趋势，极大地丰富了园林类型，形成了以皇家园林、私家园林为中国传统园林文化的代表，各类"公园"建设迎来了发展的机遇。今天园林概念已经不仅限于"园子"，而已成为生态环境、文化传承的重要载体。

西方园林有着同样悠久的历史，古埃及、古希腊、古罗马园林为起始，随着社会发展，历经演变，风景式的返璞归真，追求自然成为西方园林主流，园林提供了游憩、自由、浪漫、美景的享受空间。尽管东、西方园林在形式表现上、内容设置上差异较大，但都有着提供游憩、赏景场所的共性。

思想是人类行为和相互作用的基础，是目标和愿望的思考，是意识活动的结果。正确的思想符合客观规律，起发展促进作用，反之起阻碍作用。传承中国传统园林文化，吸取世界园林文化精髓，以社会发展趋势为方向，这就是园林思想。园林思想的形成也是由"许多许多历史才可以培养一点点传统，许多许多的传统才可以培养一点点文化"，这样逐步提升形成。要把园林发展的路走好，就必须首先传承园林文化，要传承园林文化就必须研究园林历史，园林思想必须与时代发展相一致，与社会诉求相一致，促进行业发展。回顾历史，可以清晰演进过程，找出未来正确的发展方向。

时至今日，园林已成为城市建设、生态环境建设的一部分，对维系区域生态起着重要作用，其概念得到了科学的扩充与解释，在指导思想上也发生了根本性的变化，传统园林只是"园林"

的一种类型，园林由"私园"到"公园"、到绿地系统、到生态环境……园林已成为保持、改善、提升城市、乡村生态环境与美景的重要因素。园林思想已有更开阔的眼界、更高的出发点、更全面的科学观，在生态、地域、创新、人文、艺术等方面有更全面的知识与实践，园林不止求"美"，而更是在研究探讨一种合乎科学原理的综合性系统，一种顺应自然的系统。

从世界园林的发展来看，大家也都在以生态环境为优先的方向进行考量。由于科学技术的一体化、同一性，尤在造园的材料上、技术上和文化上的"归同性"，园林也在布局构图、植物配植、设施内容、装饰表现等方面趋于"统一"，"创新"趋于一致，只有通过思想上的创新才能突破行为上的枷锁。园林应坚持地域特色，不断探索，与时俱进，在文化上、艺术上体现巧妙的造诣。

在此背景下，以"生态优先，美景予人"的思想成为园林文化的发展方向，秉持园林设计的创新，追求园林特色，成为园林传承与思想的根本。

以下附文为有关园林传承思想方面的内容，希望在理论上进一步理解园林的文化特性。

附一 《园冶》人物记考

2020庚子遇疫，新年节气至冰，武汉封城，华夏锁家。重拾养材《园冶注释》品阅。著书为旧购，竖版中时有红线勾画的印迹，"巧于因借，精在体宜""虽由人作，宛自天开"处印迹为深，余印大多在注释中，可知早期阅看多依注释理解。《园冶》原文字句精彩，简练难解，好在注释可以参对。目前对《园冶》解注的有多个版本，其中陈植先生1981年出版的《园冶注释》为最早，后有1991年张家骥先生注释《园冶诠释》，1997年刘乾先先生注释《园林说》等。由于注释人背景有别，各有所长，释译的形式不同，所以在注释中可看出各自的特点，这也利于读者的比对，对完整深入地理解《园冶》都有极大的作用。

《园冶》是对中国造园艺术成熟时期理论与实践的总结，所蕴藏的创作方法和规律对后世的造园有着积极的意义。为了完整深入地了解《园冶》成书之背景和其学术价值，不仅要细研《园冶》

之内容，还有一个往往是读者和专业人员忽视的方面，就是原版和重刊《园冶》中涉及的相关人，从这些写序、语、叙、词的相关人中，不仅可以清晰其与计成之关系、背景，还能知道当时计成的主要"依食"对象及享受园林、欣赏园林、赞美园林的社会人群。《园冶》涉及的人，及其历程也是研究历史的资料，对我们现在研究传统园林、寻找园林不断发展创新之路有积极意义。

朱启钤搜集之《园冶》残本，补成三卷，后阚铎参阅日本内阁文库内该书藏本，校正图式，分别句读，于 1932 年由中国营造学社付印出版。"三百年前之世界造园学名著，竟能重刊与国人相见，诚我国造园科学及其艺术复兴时期之一大幸事"，为"园冶重印序"中朱启钤所述。1957 年又由城市建设出版社将原版加印重刊。

笔者对《园冶》的普遍阅读与关注实从《园冶注释》出版和院校园林绿化专业的恢复与招生开始。记得大学二年级上半学期（1982 年初）陈植先生给我们班开过一次讲座，虽做笔记，但存思不多，主讲内容即为"造园"。《园冶》一书为先生留日东京帝国大学农学院时在老师本多静六处始见，后回国内参与收残、整理、重刊、印行工作。先生在讲座中精心解读、执着"造园"一词，完全可以理解"造园"在先生心中的地位。其后全班同学人手一本，时价 1.55 元。在《园冶注释》中，有陈植先生于 1978 年 12 月写就的"园冶注释序"和 1956 年 10 月写就的"重印园冶序"，陈植先生参与了《园冶》重印工作。

陈植：字养材，为我国近代造园（园林）教育家与实践者，1899 年 6 月 1 日出生于江苏崇明（今上海崇明），父亲为小学校长。因其成绩优良，被保升江苏省立第一农业学校林科学习，1918 年东渡日本入学东京帝国大学农学部林学科造园研究室学习，专攻造园学和造林学，其间深得导师本多静六博士的赏识与器重。1922 年他毕业回国，先于江苏省立第一农业学校任教，后在金陵大学、中央大学、河南大学的农学院、云南大学、中山大学、南昌大学、华中农学院任副教授、教授、院长等，1955 年后在南京林学院（南京林业大学）任教授。陈植先生为我国的造园学和林业科学贡献了许多科研成果，是我国园林界在学术理论上德高望重的前辈，先生博闻广记，具有扎实的古汉语文字能力。在 1956 年《园冶》重印时，写有"重印园冶序"，后 1981 年《园冶注释》出版时，又写"园冶注释序"。先生一生坎坷，在"文革"中被打成"右派"，受到不公正的对待，狭居"筒子楼"小屋，许多书籍、手稿被毁，时有"造反派"等至家清算"右派"学术权威。

记得黄梅季节一过，就能见到在先生的房前屋后有许多外文书籍、杂志晾晒去霉，其间造园（园林）学科被划成"封、资、修"，学科解散，教师转行，1980 年南京林学院（现南京林业大学）恢复园林绿化专业招生时，先生已年至 81 岁，离开了一线教育工作，可时常看到先生拄拐行走，偶做讲座交流，每言必讲"造园"之学。

《园冶》一书为传承营造技艺的专著，"重刊园冶序"即为我国从事营造学先驱朱启钤先生所写。

朱启钤：字桂辛，号蠖公、蠖园，祖籍贵州开阳，出生于河南信阳，卒于北京。他一生历经中国五个历史时期，是我国近代建设史上重要人物，著有《蠖园文存》《存素堂丝绣录》等，在传承民族文化、开启民治先河上为早。有袁世凯赠"红木银箍"开城破砖之举，更有颁布"胜迹保护条例"之规，对中国营造口口相传，对"封己守残、故步自封"，提出"再求故书、博征名匠"，他是我国古建研究的卓越组织者及开路先驱。《营造法式》由朱启钤校印出版，并发起组建"营造学社"。据百度百科信息：营造学社 1930 年成立，朱启钤任社长，梁思成、刘敦桢分别担任法式、文献组主任，营造学社为中国传统建筑的研究、测绘、资料保护做出了很多重要贡献。朱启钤说："全人类之学术非吾一民族所私有，吾东邻之友，幸为我保存古代文物，并与吾人工作方向相同。吾西邻之友，贻我以科学方法，且时以其新解，予我以策励。"体现其海纳之胸襟。"我们干的所有事，也都会被后代重估，明白一点，就是一点，就做一点，历劫不磨之事就去做好了"，体现了其治学严谨、实事求是、对历史负责的态度。《园冶》得以重刊离不开朱启钤的收集整理，在"重刊园冶序"中"余求之屡年，未获全豹。庚午得北平图书馆新购残卷，合之吾家所蓄影写本，补成三卷"，在陈植的《园冶注释》中的"重印园冶序"也已表述，可见朱启钤在重刊中所做的工作。此外朱启钤还创建了北京市第一个公园——中央公园（现中山公园），创办了中国第一个博物馆——古物陈列所（后与故宫博物院合并）。

营造学社中第二个倾心于《园冶》的人是阚铎。

阚铎：字霍初，号无水，安徽合肥人，毕业于日本东亚铁路学校，回国后在交通部门、司法部等任职，曾为编纂营造词汇赴日，访术语委员会会长笠原敏郎等人。在朱启钤早期组建营造学社时，阚铎为重要成员，并担任文献部主任，他是中国园林、建筑文献的重要研究者。阚铎在日了解日本内阁文库有明版《园冶》，并告知朱启钤，后与明版残卷对照校勘，使这一中国史上唯一的造园专著在沉寂三百年后重新为世人所知。其后版本传至日本，日本造园学家上原敬二又进行了概述和重新出版。

1931年9月，阚铎为《园冶》重刊编写了"园冶识语"，可认为是最早论述中国园林史略的文献之一，对我国历代园林特征与营造技艺特点也进行了概括。"无否由绘而园，水石之外，旁及土木，更能发挥理趣，著为草式。至于今日，画本园林，皆不可见，而硕果仅存之《园冶》，犹得供吾人之三复，岂非幸事！""计氏此书，既以《园冶》命名，盖已自别于住宅营建以外，故于间架制度，亦不拘定，务取随宜，不泥常套。但屋宇、装折等篇，于南方中人之家，营屋常识，亦无不赅备，盖第宅或未能免俗，园林则务求精雅。至于结构布置，式样虽殊，原理则一。而铺地、掇山，则属专门技术，非普通匠家所可措手，故风雅好事者，有志造园，若使熟读《鲁班经》《匠家镜》而胸无点墨之徒，鲁莽从事，又几何而不刀山剑树，炉烛花瓶耶？""出其心得，以事实上之理论，作为系统之图释，虽喜以骈俪行文，未免为时代性所拘束，然以图样作全书之骨，且有条不紊，极不易得。故诧为'国能'，诩为'开辟'，诚非虚誉。""掇山一篇，为此书结晶。"以上"园冶识语"片言可说是对《园冶》一著的清晰、准确的表述。

通过陈植、朱启钤、阚铎，我们清晰了我国唯一造园古籍《园冶》一书的成书、重刊、重印之背景，了解了前辈学者们为弘扬中华传统文化、严谨治学、把寻文脉的艰辛工作，以及他们为中国营造事业、造园传承所做的不朽功绩，也进一步了解了《园冶》一书的重要意义。

再看《园冶》原著中涉及的有关人物和实事，则能更清晰了解当时我国的造园成就、成园背景和文化价值。这里必须提到的人物就是阮大铖。

阮大铖：字集之，号圆海、石巢、百子山樵，为怀宁人或桐城人待考，在1995年《安庆地区志》中明确为桐城籍，以进士居官，沉沦反复，依反无常，史评为毫无气节的官僚，为士林所深耻，叛奸无德，但其才华却得到公认，有"明代文坛第一""才高八斗""才华盖世"之誉，他的文学、戏曲，在明无人能出其右，其代表作《春灯谜》《燕子笺》《双金榜》和《牟尼合》，合称"石巢四种"。就其当时地位和文化影响等，能为《园冶》作"冶叙"，不仅因为计成受邀建园，而且说明计成的造园之术为士大夫们所认可崇尚，"甚哉，计子之能乐吾志也，亦引满以酌计子"，同时有阮大铖的"冶叙"也提高了《园冶》的"品味"，《园冶》的印刻、刊布也由阮大铖助成，没有阮大铖，《园冶》一书也许只能是传食子孙的家书了。在"冶叙"中阮大铖不仅对园林景色、造园技艺赞美有加，因"寤园"识计成，涉题"冶"友人曹元甫，"兹土有园，园有'冶'，'冶'之者松陵计无否，而题之'冶'者，吾友姑孰曹元甫也"。阮与曹不仅为亲家，且为终身密友和文学知音，阮大铖诸多诗歌、戏曲作品创作于曹家。别看在"冶叙"中字数不多，实则信息量很大，顺其只言片语可觅"寤园"，阮大铖写于崇祯五年（1632年）的诗《计无否理石兼阅其诗》："无否东南秀，其人即幽石。一起江山寤，独创烟霞格。宿地自瀛壶，移情就寒碧。精卫服麾呼，祖龙逊鞭策。有时理清咏，秋兰吐芳泽。静意莹心神，逸响越畴昔。露坐虫声间，与君共闲夕。弄琴复衔觞，悠然林月白。"即为观游"寤园"所作。其后有"予因剪蓬蒿瓯脱，资营拳勺，读书鼓琴其中"。阮因魏党事败名列逆案，1629年隐居怀宁、南京，至1646年降清路死仙霞岭，其间，南京为其社交活动的主要场所，"銮江地近，偶问一艇于寤园柳淀间，寓信宿，夷然乐之"。说明阮是由南京坐船去仪征，阮邀计至家造"石巢园"，后清朝为孝廉陶湘所得，南京人称之为"陶家花园"。当时松柏苍郁，绿波荡漾，舞榭歌台，红檐耸翠，而今已荡然无存。"春深草树展清荫，城曲居然轶远岑。"阮大铖描写的情景已成过眼烟云。说明南京曾有的"石巢园"为计成所筑之园。"石巢园"的遗石也许已散落他园，也许还埋于地下。

自诩"友弟"的郑元勋与计成关系为好，更敬计成，能对依食于士大夫的"匠艺"之人如此尊敬，可看出其谦逊的人品。

郑元勋：字超宗，号惠东，扬州人，明代诗画家，1643年科中进士，为江东名流，其本世居安徽歙县，先人于万历年间到扬州从事盐业，到郑元勋代，由商而儒，博学能文，名重海内。传世作品有《临石田山水图》轴。郑元勋加入复社，得与名流交往，在文学圈中有较高的知名度，且时有善举，救济灾民。1644年因高杰率兵围扬，纵兵大掠，郑元勋出面协调，回城被误而受围攻致死，英年早逝。郑元勋为《园冶》书写的《题词》句句为造园之精华，"古人百艺，皆传之于书，独无造园者何？曰：'园有异宜，无成法，不可得而传也'"。阐述造园因人而异、因地而异，"所谓地与人具有异宜，善于用因，莫无否若也""此计无否之变化，从心不从法，为不可及；而更能指挥运斤，使顽者巧、滞者通，尤足快也"。这些都是其对造园的理解和佩服计成造园能力的表述。

"即予卜筑城南，芦汀柳岸之间，仅广十笏，经无否略为区画，别现灵幽"。即为计成所筑"影园"。郑常于影园中举行各类文仕交流会社活动，最具影响的活动为邀集文士于影园举行"黄牡丹"诗会，并留作《影园瑶华集》，影园的园林景致为大家所认可赞美，如大家都要计成去造筑，则"但恐未能分身四应，庶几以《园冶》一编代之"，"今日之'国能'，即他日之'规矩'，安知不与《考工记》并为脍炙乎？""题词"中的这段话是对《园冶》最恰当和最高的评价。影园位于扬州城西南湖中长屿南段，崇祯五年（1632 年）玄宰董其昌客邗上，因屿上圃地在柳影、水影、山影之间，遂题为"影园"。崇祯七年（1634 年）计成完成影园的设计、施工和监造，这是有记载中计成最晚建造的园子，在《影园自记》中"是役八月粗具，经年而竣，尽翻成格，庶几有朴野之致又以吴友计无否善解人意，意之所向，指挥匠石，百不一失，故无毁画之恨"。影园至清康熙，仍被誉为扬州八大名园之一，后易主渐趋荒废，现仅留遗址。有关影园的记载有《影园记》《影园自记》《影园瑶华集》《影园诗稿》等。影园体现了计成造园的高超水平，是在《园冶》一书成稿刻印后所造。

阮大铖、郑元勋在《园冶》一著刻印成书时分别写了《冶叙》和《题词》，书中涉及的曹元甫、吴又予和汪士衡，也是反映计成的造园历程和《园冶》成书的重要部分。

曹元甫：名履吉，字元甫，号根遂，当涂人。明万历四十四年（1616 年）进士，授户部主事，历官河南学宪，晋光禄少卿。著有《博望山人稿》《辰文阁集》等。在《冶叙》中"兹土有园，园有'冶'，'冶'之者松陵计无否，而题之冶者，吾友姑孰曹元甫也"。"所为诗画，甚如其人。宜乎元甫深嗜之。""于歌余月出，庭峰悄然时，以质元甫，元甫岂能已于言？"一可看出阮与曹非一般关系，二可看出曹也是深知造园之人，阮游"寤园"和结识计成应也是曹介绍而去。在计成《自序》中"暇草式所制，名《园牧》尔。姑孰曹元甫先生游于兹，主人偕予盘桓信宿"。"斯乃君之开辟，改之曰'冶'可矣。"这段文字说明曹不仅通诗画山水，而且对营造、造园也是有很深造诣，改《园牧》为《园冶》。

吴又予：名玄，字又予，武进人，明万历年间进士，历任江西布政。《园冶》的《自序》中"适晋陵方伯吴又予公闻而招之。公得基于城东，乃元朝温相故园，仅十五亩"。吴招请计成造园，此可视为计成造园第一作品，也是成名之作，该园建于明天启三年（1623 年），名"东第园"或"吴园"，园址在常州城东，计成巧妙依地依势、依物成园，吴"自得谓之江南之胜，惟吾独收矣"。且计成"予胸中所蕴奇，亦觉发抒略尽，益发自喜"，乃得意之作。"东第园"与后造"寤园"闻名于大江南北。有说吴玄"深疾东林，所辑《吾征录》，诋毁不遗力"，与东林党人存在政治分歧，而计成则在园中体现劝谏之意，把烦恼抛于脑后，不再以青白眼看当时不同政见者，尽情享受安乐，追求和谐，则应为无据而憾发。计成为吴又予所造的"东第园"随着战乱与家族兴衰，至清末已荒废湮灭。

汪士衡：又名汪机，为明代盐商巨富，安徽休宁人，明崇祯元年（1628年）获得文华殿中书职位。邀计成于仪征建"寤园"。在《园冶》的《自序》中"时汪士衡中翰，延予銮江西筑，似为合志，与又予公所构，并骋南北江焉。"就说明其景致与前"东第园"同样，二园风光长江南北。在"冶叙"中则有"乐其取佳丘壑，置诸篱落许；北垞南陔，可无易地，将嗤彼云装烟驾者汗漫耳！"的景致描写。阮也因游"寤园"，引出计成与元甫，并邀计成至家建园。《园牧》改为《园冶》也为计在"寤园"中接待曹元甫时"牧"由曹改曰"冶"。"斯乃君之开辟，改之曰'冶'可矣"。曹对计成所造的寤园，写有《信宿汪士衡寤园》诗："自识玄情物外孤，区中聊与石林俱。选将江海为邻地，摹出荆关得意图。古桧过风弦绝壑，春潮化雨练平芜。分题且慎怀中简，簪笔重来次第濡。"诗中高度赞赏计成所造的荆关笔意的"寤园"。"寤园"筑于崇祯四年（1631年）后又称"荣园""西园"。在《园冶注释》杨伯超所写的"校勘记"中引据仪征《县志·园林》"荣园，陆志云'在新济洲桥西，崇祯间，汪氏筑，取渊明'欣欣向荣'之句以名，构置天然，为江北绝胜，往来巨大公僚，多宴会于此。县令姜垛不胜周旋，恚曰'我且为汪家守门史矣'，汪惧而毁焉"。惜园建不久就毁，现也无迹。《园冶》的自序写于寤园，成书也应在寤园。"时崇祯辛未之秋杪，否道人暇于扈冶堂中题"。昔日的"江北绝胜"也只能凭记感悟了！

阮大铖、郑元勋，在《园冶》中分别写了《冶叙》和《题词》，讲述了对园林的感悟、需求和向往。阮、郑均为明时在文学、诗画等艺术方面造诣很高的人物。对自家筑园有自己的认识、看法和要求。是包含"第园筑之主"中的主要成分之一，计氏造园的理念手法等吻合他们的取向，在筑园中也一定会听取士大夫们的意见，甚至指示要求，这在计成"自识"中已隐表其义，无力买山，自作园主，尽情发挥。曹元甫、吴又予（于）、汪士衡之中，曹元甫认为计成所将荆关之绘，成于实践，斯千古未闻见，固将《园牧》改为《园冶》，吴、汪均为筑园"业主"，核及身世均为"士大夫"类人物。确实"造园"要有实力、有地，才能达到对自然景色的追求、品味要求。介绍以上人物后，我们再来研看《园冶》著书者——计成，对计成的研究著书、论述非常之多，拟试短篇概述。

计成：字无否，号否道人，吴江松陵人，据《园冶》后文《自识》中"崇祯甲戌岁，予年五十有三"，推算（崇祯甲戌是 1634 年）其出生年为 1582 年，何时逝世无考。从《自序》中："不佞少以绘名，性好搜奇，最喜关仝、荆浩笔意，每宗之。游燕及楚，中岁归吴，择居润州。"示明，计成年轻时以绘画为有名气，喜搜奇探异，崇拜五代后梁山水画家关仝和荆浩，并按他们的笔意作画，游览名山大川，游历燕、楚等地。中年时回到家乡吴地（江南），后来选择润州（镇江）定居。《自序》中述为偶尔指点佳山成壁，而传于远近，步入造园。其实于此省略了很多其学习、模看、实践等内容，而在"吴园"的筑造过程中初试身手，展其造园之法。陈从周先生在跋《园冶注释》中有"第原著文体，出诸妍俪，难于索解"之句。《园冶》三卷章节清晰，简明扼要，确为明代造园之精华内容。不仅传子授业，也是造园元素的收集与总结。《园冶》一书图文并茂，以文为主，讲述造园之法则，其图样应为摘编当时已有的相关文献和实践内容。从《园冶》中可清楚计成的造园足迹，由偶示"成壁"，闻于远近，入食造园。"适晋陵方伯吴又予闻见招之"，此园为计成入手雉园，在常州武进，《园冶》中未示园名，后考为"东第园"（在介绍吴又予中已述）。后"时汪士衡中翰，延予銮江西筑，似为合志，与又予公所构，并骋南北江焉"。该园位于仪征，是计成建造的第二个园子，也未示园名，在阮大铖"冶叙"中才知该园为"寤园"，据"冶叙"，阮至仪征"寤园"后，即邀计成至其住地建园，时阮避居南京，阮有号"石巢居士"，史上有"石巢园"一说，在前述阮大铖段已明计成在南京所建的石巢园，再研，一是"銮江地近"，这近地即为南京，其二古代造园在目的和功能上，园林为一种布景，除欣赏沉迷景色外，还是创造一种"文艺"活动的场景及邀友聚会之场所，在南京建园更符合阮的行为要求，其三阮自 1629—1642 年主要于南京居住，其四有记"石巢园"位于南京库司坊。至此计成造园轨迹已清，"吴园"为先，二为"寤园"，三为"石巢园"，四为"影园"。

1631 年末《园冶》已成稿，1634 年计成写作《园冶》文后的《自识》。后由阮大铖助印刻，在《园冶》的《园冶识语》中"安庆阮衙藏板，如有翻刻千里必治"，"扈冶堂图书记"，知为阮氏所刻。通过上述分析，不仅清晰了《园冶》由写稿至印刻的整个过程，也示明了古代园林为士大夫们所独享，是他们琴、棋、书、画、乐艺及养性、交流思想、社团活动等的重要场所。造园家以"宛自天开"的手段博食于官僚、富甲之间。现代社会，"新时期"园林已发生根本性的变化，先人"园林"所剩无几，保护、修复历史名园，是传承文化的重要部分。如今园林（造园）事业迎来发展大机遇，园林将存载着社会发展的更多、更大重任，园林和景观正以"生态优先为本，美景存世予人"的指导思想展现时代风采！

附二 《长物志》与园林

《长物志》一书完成于崇祯七年（1634年），为文震亨（1585—1645年）所著。文震亨为苏州人，字启美，出生官宦书香门第，祖上以书、画、文为长，"耳濡目染，较他家稍为雅训"，文震亨官至中书舍人（官位），因"东林党"被累罪，后复职。顺治二年（1645年）六月苏州陷城，文震亨避地阳澄湖畔，闻剃发令而投湖被家人救起绝食六日而亡，可认有骨气的文人官宦。"东林党"为明末以江南士大夫为主的官僚阶级政治集团，由明朝史部郎中顾宪成创立，东林人士议朝政、评论官吏、追求廉正奉公、振兴吏治、开放言路、革除朝野积弊、反对权贵贪纵枉法。这也是文人推动社会变革的进步方向。

"长物"，仍"生活中的身边物""多物""余物"之意。《长物志》收编于清代乾隆倾力编纂的《四库全书》中的子部杂家类，在编纂官所安序中"其言收藏、赏鉴诸法，亦颇有条理"，"其源亦出于宋人，故存之以备杂家之一种焉"。已将该书归为"杂家类"，并未归至造园、营建等方面。

《长物志》全书围绕"雅""古"展其兴致，以闲情著写身边多物，彪炳文人之趣，同时记录对物件的认识，"然娇言雅尚，反增俗态者有焉"，为《四库全书总目提要》中恰如其分的评语。"是编分室庐、花木、水石、禽鱼、书画、几榻、器具、位置、衣饰、舟车、蔬果、香茗，十二类。"这十二类卷均为生活体验的身边物，这些物件从造园、园林角度看缺乏对造园、园林的专论，书中涉及物件只可看作是组成造园、园林之元素内容，文震亨在著书《长物志》时也未把该书当作造园、园林类著书去写，但该书很多内容与造园、园林密切相关，从述物可知文震亨生活于园林环境，爱物赏物，追求雅致品质。

卷一室庐，室庐为人居住之处所，简单的为房屋陋室，有庭、有园则为雅居旷土之墅，作为卷一开篇的室庐"居山水之间者为上，村居次之，郊居又次之"，点出人喜山水"智者乐水，仁者乐山"的"自然"景观之趣，这是对环境的诉求。而"若徒侈土木，尚丹垩，真同桎梏樊槛而已"，则表述了对建筑形、色的看法，现在通俗地讲，就是住的地方要在城市中，有山、水环境的地方为最好，居住环境应门庭雅洁，建筑清靓，区内亭台斋阁、花木一应俱全，陈设金石书画，使居住、客住及游客游雅居忘岁、流连忘返。居住房屋应朴雅舒适，追求豪华则如桎梏樊槛。

中国传统园林讲究模山范水，写意山水，师法自然、胜于自然之意境。

室庐之先为"门"，其后"阶、窗、栏杆、堂、山斋、佛堂、桥、茶寮、琴室、浴室、街径庭除、楼阁、台、海论"各节。各节有简有多，其表述可概括为：物件应怎样，不可怎样，忌讳什么，如何才能至"雅"。晚明社会都市生活崇尚奢华铺张，园林、居家建筑普遍追求"华丽"，作为"簪缨之族"的文震亨摒弃社会风潮，追求雅洁，体现文人之品位，实为对美的崇尚与追求。卷一室庐的"海论"总结得好，"总之，随方制象，各有所宜。宁古无时，宁朴无巧，宁俭无俗。"

"至于萧疏雅洁，又本性生，非强作解事者所得轻议矣"，也就是应据物品的类别、特性来确定样式，各自相宜，宁可古也不宜追求时尚，宁可朴拙也不要过巧，宁可简俭不可追俗。至于对雅趣的悟性仍需天性修养，不是自认为"懂"的人说得清楚的。在卷一室庐的海论（总结）中，文震亨讲述了许多与建屋、造园的相关内容，摘析部分以会解。

"忌用'承尘'，俗所称天花板是也，此仅可用之廨宇中"，即天花板（井藻）只用于官署或皇家等处，在私家宅建、园林中确实少有天花板（吊顶），而皇家园林中的彩绘井藻则精致华丽。

"室忌五柱，忌有两厢。前后堂相承，忌工字体，亦以近官廨也，退居则间可用。"五柱为四开间，房屋常用奇数开间，忌讳用五根立柱，忌讳设两个厢房。在传统建筑中中跨较大为"明间"，两则为"次间"，末端为"梢间"，前后堂相连其连廊忌中轴相接，否则如官署，休息室可间或使用这种结构。

"亭忌上锐下狭，忌小六角，忌用葫芦顶，忌以茆盖，忌如钟鼓及城楼式。"这些讳忌在园林中时有所见。"忌长廊一式，或更互其制，庶不入俗。"长廊应有曲折、高低变化，不应单一走向，园林中的长廊随高就低，曲曲折折，并设轩、亭为接，这都是为打破长廊单一元素增添雅趣之笔。

"忌穴窗为橱，忌以瓦为墙，有作金钱梅花式者，此俱当付之一击。"这些做法在江南园林中的确是常见，在文震亨的眼光中仍俗陋不雅，且恨之一击，而在同期的计成《园冶》中则有"小瓦"花窗多样，如何恰到好处地使用"瓦饰"，精致耐赏的工艺也是关键。园林中的室庐往往占据园林重心位置，确定了园林构图的基调，室庐涉及物件十四项，只有把这些物件系统化地组合起来，加以补充才能找出这些物件与场景的关系，才能从园林角度去理解和指导造园，其内容对园林的建造与评品还是有很多积极意义和遵循原则的。

卷二花木，"弄花一岁，看花十日。"花木种植与养护是一既辛苦又有技术的工作，在本卷中罗列了牡丹、芍药、玉兰、海棠、山茶、桃、杏、梅、蔷薇、木香、玫瑰、葵花、罂粟、芙蓉、萱花、玉簪、藕花、水仙、杜鹃、松、木槿、桂、柳、芭蕉、梧桐、竹、菊、兰、瓶花、盆玩三十种类，涵盖了庭园常用树种和瓶、盆赏植。本卷前叙"第繁花杂木，宜以亩计。乃若庭除槛畔，必以虬枝枯干，异种奇名，枝叶扶疏，位置疏密。或水边石际，横偃斜坡；或一望成林；或孤枝独秀。草木不可繁杂，随处植之，取其四时不断，皆入图画"。这可认为是文震亨对园林植物的配植原则。桃、李、梅、兰、菊和棚架、菜圃种植有方才能体现园艺之雅。植物是生命的象征，其种类繁多，各有特性，只有把握植物生长规律、观赏特点，才能使植物成景成画。文震亨对所列植物、瓶花、盆玩分别做了详细表述，重点围绕种植环境、观赏方式、植物特性、相近种类及观赏评价等，尽管从植物科学的角度看缺乏的内容还是很多，但从中可看出古人对植物的认识。科学技术的发展对植物培育、品种丰富及观赏方式提供了条件，植物是装扮世界不可或缺的元素。

卷三水石，"石令人古，水令人远，园林水石，最不可无。"水石历来为文人咏赋与绘意，其至刚至柔的特性，变换无穷的景致成为人们雅趣、增兴活动的相伴，园林中更是不可或缺，"一峰太华千寻，一勺则江湖将万里"乃造园之意境，体现了文震亨对水石之理解境界，而石如何掇叠，水如何走绕，则如《园冶》中述。本卷包括"广池、小池、瀑布、天泉、地泉、品石、灵璧、英石、太湖石、尧峰石、昆山石、土玛瑙、大理石"十三类项，每类项表述简准，讲述物件的特性、品位等，以示其"雅赏"之说，所涉类项就是园林、赏玩、装饰"身边物"。

卷四禽鱼，飞禽游鱼常为园林中的观赏动物，文震亨以山林、高雅为出发点，提出："丹林绿水，岂令凡俗之品，阑入其中。"园林中的禽鱼是具观赏性和雅驯特点。本卷含评了鹤、鹦鹉、百舌、画眉、鸲鹆五种飞禽，朱鱼、鱼类、蓝鱼、白鱼、鱼尾、观鱼为雅观评鱼方法，吸水、水缸二节为换水、养器，尤养缸有讲究。这些是园林中雅赏养殖的内容。

卷五书画，"况书画在宇宙，岁月既久，名人艺士，不能复生，可不珍秘宝爱？"书画艺术是人类保存文化、发展文化的一种行为，"犹为天下所珍惜"。园林与书画的关系可认为书画是园林的起源，园林又为书画创作提供了场景和意境，山水画是对自然敬畏、向往、欣赏的创作与写照，园林的出发点是创造生态舒适可观可憩的环境，传统园林中更是以模山范水为造园本意，古典园林犹如古代书画是先人留下的艺术遗产。本卷应为《长物志》中之精华篇，可看出文震亨在书画方面的造诣很深。在书画收藏、论评、价值、优劣、欣赏等方面做了详细介绍。本卷包括论书、论画、书画价、古今优劣、粉本、赏鉴、绢素、御府书画、院画、宋绣、宋缂丝、藏画、小画匣、卷画、宋板和悬画月令内容，体现了文识之"广"，学识之"精"，生活之"雅"。

卷六几榻，卷七器具，卷八位置，卷九衣饰，卷十舟车，卷十一蔬果，卷十二香茗。各卷涉及"身边物"众多，围绕"知、品、鉴、赏、藏"等内容均有详述。

综观《长物志》虽为从生活起居中述物，然为对物件的表述，体现了文震亨渊博的学识和追求雅致的文人生活境界。全书所涉园林要素较多，但多为从物件的"本意"出发，如果从园林（造园）角度去认知，认为该书为园林（造园）的论著则有违文震亨著书本意。

附三 倾注园林的学者——童寯

童寯（1900—1983年），中国当代杰出的建筑学家、建筑教育家、画家和园林研究学者，相继求学于北京清华学校和美国宾夕法尼亚大学建筑系。自美欧游学归国后，在上海与赵深、陈植合组华盖建筑师事业所，设计工程近200项，后任教于东北大学、中央大学建筑系、南京工学院（现东南大学）。先生在建筑创作、建筑理论以及建筑教育等方面为我国现代建筑事业的发展都做出了巨大贡献，是我国近现代建筑的一代宗师，同时对我国传统园林以毕生的精力完成细致而凝练的记录和理论分析，对传承、保护、研究我国传统园林同样做出了巨大贡献。先生在着手西方现代建筑的系统性研究，同时以东西方造园沿革史例，对世界造园三大体系进行了解读，先生是近代园林研究的先驱。

《江南园林志》《东南园墅》《论园》《造园史纲》为先生主要园林专著。

《江南园林志》是先生在20世纪30年代开始致力于中国古典园林研究、调查、踏勘、测绘和拍摄江南园林基础上的专著，于1937年成书，1963年出版，是最早从科学方法系统的角度，图文并茂地记录论述江南园林的形象与精神的专著，是研究中国传统园林艺术的经典之作，是学术界公认的继明代计成《园冶》之后，在园林研究领域最有影响的著作之一，其主要贡献在于总结古人造园经验，把传统技艺纳入现代科学的方法，通过实地调研测绘及撰写的文字分析，使许多园林得以"形象"保存，尤对那些荡然无存的园林，其测绘图纸和照片显得非常珍贵重要。在其开篇："吾国旧式园林，有减无增。著者每入名园，低回歔欷，忘饥永日，不胜众芳芜秽，美人迟暮之感！吾人当其衰末之期，惟有爱护一草一椽，庶勿使为时代狂澜，一朝尽卷以去也。"可以看出童寯是以抢救和担忧的心态及责任在研究中国古典园林，记录古典园林的迟暮。在首章"造园"中述"园之布局，虽变幻无尽，而其最简单需要，实全含于'园'字之内"。"园之妙处，在虚实互映，大小对比，高下相称"，园有三境界，"疏密得宜，曲折尽致，眼前有景"等内容涉亭台、山石、植物、铺地各造园要素的解读，书中实景照片、测绘图纸占较大篇幅。

《造园史纲》为1983年由中国建筑工业出版社出版，该著介绍了东西方造园沿革史例，从神话天国乐园到今天抽象的园艺，指出十七、十八世纪中国、日本与英、法等国的造园成就及其相互影响，为至今研究世界造园的出发点。该著作虽篇幅不大，但学术性则相当重，内容全面，言语精练透彻，浓缩了世界园林文化，它从地区、起因、精神、特点、风格、宗教、文艺、绿饰、公园等方面把园林讲得清清楚楚，从中可了解到"直到公元十六世纪中叶，西方造园艺术才再放光芒。这时，非但意大利文艺复兴庄园达极盛年代，也正逢中国江南园林蔚然焕发；再加日本禅宗山水和文人庭，以至法国十七世纪凡尔赛宫廷花园在东西方先后出现，欧亚两大陆，各将造园艺术推至顶峰"。书中指出："中国自从经受西方思潮和物质文明侵袭以后，建筑艺术即走向西化，在绿化环境上也不可避免建设西式公园。而西方造园艺术较中国更能随时代演变，造园与建筑在艺术创作上气息相关，造园风格不能落后于建筑形式，否则环境难以协调。今天，造园在配合现代建筑方面以大众化为基调，园景、建筑结合规划，已成为这两专业合作以配合的不能避免，前者对后者势必起美化作用。"这些论述已成为园林设计依据的方向与原则。

《论园》收集了先生的十三篇文章，包括《中国园林》《＜中国园林设计＞前言》《中国园林对东西方的影响》等，《造园史纲》也列入其中。《论园》从中、西园林的对比，历史沿革的角度来看世界园林的发展，尽管东西方造园方向、理念思想、出发点有差异，形成的开放与封闭空间不同，园林要素有别，但追求的属性一致，他以亲身经历和研究分析了中国园林对东西方园林的影响。书中对诸多江南名园分别进行了论述，读者可系统地从专业角度、世界眼光了解园林。

《东南园墅》最初为英文版，其目的是向世界介绍中国传统园林艺术，1983年校订完稿。童寯以自己渊博的知识和旅欧见闻体验、广泛阅读和积累有关资料著书，为中国园林走向世界，让世界了解中国园林艺术做出了很大的贡献。著书章节由：如画园林、园林与文人、建筑与布局、装修与家具、叠石、植物配植、东西方比较和沿革组成。

如画园林，"绘画与园林，一如画师与造园家，二者密切维系，难分彼此。"园林都是以提供优美画卷为出发点，东方、西方园林都是如此，园林依赖绘画成景，绘画依赖园林成画，从事园林景观不懂画理，不会风景画，再无诗文知识，就谈不上赏、评、做园林了，中国传统园林更讲画中意境、园中意境。

园林与文人，"中国园林之另一个特征，乃与文学之密切关联。诗人词家，文士墨客，名书镌刻，楹联匾额，如缺之，园中建筑则难称完美。各类题铭，须兼具华彩之辞章，隽秀之书法，常悬于厅堂、亭榭或门道之上。每一单体建筑，常冠以得体合宜之雅称。""唯文人，而非园艺学家或景观建筑师，才能因势利导，筹谋一座中国古典园林。即便一名业余爱好者，虽无盛名，若具勉可堪用之情趣，亦可完成这一诗性浪漫之使命。须记之，情绪在此之重要，远甚技巧与方法。"这足以说明诗文理念、文人情趣在园林中的作用。

建筑与布局，"饶有情趣、恰当布局之建筑，诚为一座优美园林之首要。"亭、堂、台、廊各有妙用，"一座园林建筑或可作为对景或观景中心，每有树木、花卉，或其他装饰陪衬，尤为如此。鉴于成组建筑，游廊位置取于建筑之相对重要处，并相应决定其间之空间，此种布局需要考韵律和谐。谨记一种弊端：过冗建筑，杂而无序，势将导致沉闷或幽闭。"这就是园林建筑的布局原则。随高就低，因地制宜，景随人意，成景添趣。

装修与家具，"园之中，室外、室内之家具，虽为末节，然其实用装饰，最不可略。"园林中的装修与家具是园林氛围的一部分，每个式样代表了一种风格、一种文化，更体现了园林的时代性。

叠石，"传统园林中，叠石之作，极为精巧，难度最大，已成共识。"中国传统园林中不可无石，石已成为园林语言之一，也是园林中最具价值的装饰品之一。张南垣、戈裕良、计成等造园古人都是著名叠石大家。"旧时文人对于名石之评价标准，可归为四条：漏、透、瘦、皱。"

植物配植，"昔日中国园林匠师，鲜有注重园林植物者，其因并非青翠事物难堪大任，而在于其固有观点，花木仅起附属与辅助之用。""中国园林虽为一种亲切、宜人、注重经验之艺术，但植物生长通常不显人工斧痕，此理须知。""西方园林从未摆脱树木辽阔之外观。"中国古人在对园林论述时几无有关植物配植内容，仅有的几本如《长物志》《闲情偶记》也只是介绍了与园林相关的植物种类，远没有配植概念，《园冶》中就无植物之章节，如果说山、水是园林构成的基本，建筑是园林中的重心，那么花木就是园林锦衣。

东西方比较，"法国某诗人曾云'吾甚爱野趣横生之园'。此语恰好表明西方园林与中国园林之区别，皆因后者全然摒弃山野丛林之气。中国园林实非某一整体之开敞空间，而由廊道与墙垣分割，成若干庭院，主导景观并成观者视觉之焦点者，为建筑而非植物。中国园林中，建筑如此赏心悦目，鲜活成趣，令人轻松愉悦，即便无有花卉树木，依然成为园林。""西方园林截然相异，其地景远甚建筑，以致建筑有如孤岛置汪洋中。""对于中国园林与欧式园林，拘泥相对优点，争论孰优孰劣，实为徒劳；倘若与其各自领域中之相关艺术、哲学及生活和谐一致，则两者同样伟大。""倘若怠懈放任，由其自生自灭，中国古典园林将如同传统绘画及其他传统艺术，逐渐沦为考古遗迹。诸多精美园林，若不及时采取措施，即将走向湮灭之境。"表达了童寯对中国传统园林的担忧。

沿革，"今日所见中国园林其发展雏形可溯至公元前约 1800 年。夏朝桀帝建玉台以为乐。"此可认为中国园林的原始源头，经秦、汉，"晋代，私家园林始兴"，"时至明代，私家园林已臻全盛，主要分布于江浙省域"。1634 年计成所著之《园冶》，实为造园学之肇始。清朝初期，扬州改观，成为史上最为辉煌的园林城市。后经变迁，各地"毁园无数，旧迹凋零"。"然于此前此后，论质论量，江浙园林均为全国之冠。""中国传统园林，成为人类最精美成就之一。"著中录载了拙政园等三十九处东南各地名园，虽然此后又整理、修复了许多传统园林，但这三十九处已足以向世人展示中国园林的成就。

附四 陈丛周的园林观

陈从周先生（1918—2000 年）为浙江杭州人，是中国著名古建筑与传统园林艺术学家，同济大学教授，擅长文、史，在诗词、绘画方面也有很深的造诣，有关著论以《说园》《续说园》《说园（三）》《说园（四）》《说园（五）》为最。

综研先生论著可概括为"隐景成画、雅淡无奢、文循意出"。

园之初为动与静，即"园有静观、动观之分，这一点我们在造园之先，首要考虑。""中国园林是由建筑、山水、花木等组合而形成的一个综合艺术品，富有诗情画意，叠山理水要造成'虽由人作，宛自天开'的境界。"动与静一可理解为园林设计中的"功能分区"，二可理解为园林景致的互动与奥妙，乃"静寓动中，动由静出，其变化之多，造景之妙，层出不穷，所谓通其变，遂成天地之文。""巧于因借，精在体宜"，园林设计妙在因势布局，功能因地形地貌安置，景致随高就低，立意在先，文循意出，仍成园之首。先生说园讲究品园，"能品园，方能造园，眼高手随之而高。"品园讲个"意"和"理"，追求以画理、意境造园，造园如作画，造园如缀文，诗情画意为中国传统园林的主导思想。在《说园》中有"远山无脚，远树无根，远舟无身（只见帆），这是画理，亦造园之理。""宜掩者掩之，宜屏者屏之，宜敞者敞之，宜隔者隔之，宜分者分之，等等，见其片段，不逞全形，图外有画，咫尺千里，余味无穷。"在《说园（三）》中有"造园如缀文，千变万化，不究全文气势立意，而仅务辞汇叠砌者，能有佳构乎？文贵乎气，气有阳刚阴柔之分，行文如是，造园又何独不然。割裂分散，不成文理，籍一亭一榭以斗胜，正今日所乐道之园林小品也。盖不通乎我国文化之特征，难以言造园之气息也。""华丽之园难简，雅淡之园难深。简以救俗，深以补淡；笔简意浓，画少气壮。""园林之诗情画意即诗与画之境界在实际景物中出现之，统名之曰'意境'。景露则境界小，景隐则境界大。""园林密易疏难，绮丽易雅淡难；疏而不失旷，雅淡不流寒酸。""实处求虚，虚中得实，淡而不薄，厚而不滞，存天趣也。"这些都集中反映了先生品园、造园的观点，也是"大"观点。对于园林中的建筑、山石、水体、植物等也有多述。

"我国古代造园，大都以建筑为开路，私家园林，必先造花厅，然后布置树石，往往边筑边拆，边拆边改，翻工多次，而后妥帖。沈元禄记猗园谓：'奠一园之体势者，莫如堂；据一园之形胜者，莫如山。'盖园以建筑为主，树石为辅，树石为建筑之联缀物也。"建筑在园林中往往占据主位，成视线焦点，是人们活动聚集的地方，"无楼便无人，无人既无情，无情亦无景，此景关键在'楼'"，建筑成为景致的"文化发源地"，起到点景、提景、意景的作用。

园林山石遵循"石无定形，山有定法。""假山平处见高低，直中求曲折，大处着眼，小处入手。""叠石重拙难""实则巧夺天工之假山，未有不从重拙中来"。山石掇叠为造园之基本功，起脚、收顶是关键，石形、石质、石纹、石理、石块须样样兼顾，"范山模石"方能得自然脉络之势。

"池水无色，而色最丰。"园林水体因山而就，"园林叠山理水，不能分割言之，亦不可以定式论之，山与水相辅相成，变化万方。山无泉而岩有，水无石而意存，自然高下，山水仿佛其中。"园林水体是园林空间、影幻、色调之变化的重要因素，无水则园呆滞，有水则灵秀。"水以石为面""山得水而媚""山水相依，凿池引水，尤为重要"。

"中国园林的树木栽植，不仅为了绿化，且要有画意。""我总觉得一个地方的园林应该有那个地方的植物特色，并且土生土长的树木存活率大，成长得快，几年可茂然成林。"朴实的言语指出了园林树木配植的方向。"名园依绿水，野竹上青霄""绿垂风折笋，红绽雨肥梅""小园树宜多落叶，以疏植之，取其空透；大园树宜适当补常绿，则旷处有物。此为以疏救塞，以密补旷之法。落叶树能见四季，常绿树能守岁寒。北国早寒，故多植松柏"，更是深究概括了园林树木配植的艺术特点。

先生的论著特点是文采斐然，引意入境，诗句简雅无华，观点性强，反映了先生扎实的文学功底，博览广泛的知识和对园林的感悟，实仍园林大家。只有多实践、多研学才能真正体会到先生的园林真谛，在先生《说园（五）》中的结束段"园林言虚实，为学亦又若是，余写《说园》连续五章，虽洋洋万言，至此江郎才尽。半生湖海，踏遍名园，成此空论，亦自实中得之。敢贡己见，求教于今之方家。老去情怀，期有所得，当秉烛赓之"，更加反映了先生治学严谨的谦逊学德。研读先生的论著就像树木吸取养分，厚实了根系，壮实了枝杆，茂盛了叶片，结满了硕果。

附五 囿苑 · 园林 · 环境

汉文字是中国特有的一种语言记事符号，溯源汉文字的起源与演进，可从一定角度反映出社会发展、文化演进的轨迹，汉文字的出现是一种社会历史进程现象，史前的岩画被认为为近似的文字，溯源园林发展过程，同样也可从字形开始。

囿苑

从"囿"字体的演变看含义，"🔲""🔲""🔲"，从字体演变可得出以下结论：

1. 以土墙、木栏等为围合空间；

2. 在围合空间中种菜、植苗，进行动植物的培育驯养，生长植物、围养动物是主要内容；

3. "口""有"，更形象地表述为在围合的空间内有植物、动物等得以满足人们生活需求、精神需求。

从"苑"字体的演变看含义，"🔲""🔲""苑"，从字体演变可得出以下结论：

1. 植物是区域内的主要内容，植物的丰盛保证了动物的繁盛，种植、狩猎、放养动物成为人们的捕猎技能练习、生活需求与娱乐休闲方式；

2.范围广，无围合，成为开放的"无界"空间，这个区域具有"郊野"特征；

3.人为活动的多样性表现在除种植、砍樵、狩猎外，甚至搭台观天、祭事等活动也成为区域内的主要内容。

"囿苑""苑囿"为我国古代最早的园林雏形，涉及围合的"囿"和"无界"的"苑"。在童寯所著的《造园史纲》中述"中国有关园林最早记载，始于殷、周之际的"囿"和《诗经》所咏的"园"，都在三千年前"。帝王御苑，始自秦、汉"上林"，"苑"即早期所称的"囿"，囿苑是伴随人们生活需求而形成的生活功能区域。是生产力发展的结果，也奠定了园林的雏形。

园林

从"园"字体的演变看含义，"圚""園""园"，从字体演变可得出以下结论：

1.园为墙围合的空间，内有人、有山、有水、有建筑、有植物；

2.园以山水为基调，与宅结合，成为宅园家人及来宾纵情山水、抒发情感、寻找情趣的地方；

3.园具有私密性与私属性。

从"林"字体的演变看含义，"朩""𣏟""林"，从字体演变可得出以下结论：

1.木为"活形"，接地气，有长势，树木种类因环境差异而分布，"木"多成"林"；

2.树木是地球陆地分布最广的生物，是维系地球环境的重要部分。

园林同样涉及"有界"围合的园和"无界"的林地，"园"发展至明、清为鼎盛，北京的皇家"园"与江南地区的私家"园"，展现了中国造园精湛的技艺。如果从现在的观点角度去看，"园"应是指相对于传统意义上的园林，"林"是强调生态性的风景，这样"园林"才符合当下风景园林与生态环境相融合的范畴。

环境

从"环"字体的演变看含义，"瑗""瓓""環""环"，从字体演变可得出以下结论：

1.字解为眼睛、衣服和圆圈玉器，环的本意就是戴在人身上用玉做成的"圈"；

2.代表了一种"向往"，一种"美好"；

3.在篆体上巧与"园"字体中有很大部分相像。

从"境"字体的演变看含义，"墇""境"，从字体演变可得出以下结论：

1. 本义为土地的疆域、疆界、边界、区域；

2. 人对空间的一种瞭望、看法、认知等；

3. 可引申为对某一区域范围的情况与境界。

环境含义泛广，反映了周围的空间、事物及人对客观的心理反馈，可归纳为客观环境与心理环境。客观环境是人们的生存世界，人们会因教育、职业、年龄、背景等因素的差异而出现不同的反映，成为调节人的需求、目标和动机的出发点；心理环境则是人们意识中的感觉，同样会因差异因素等产生不同认识，从而引导和制约对周围的行动。

风景园林是研究、落实提供一种客观环境，一种游憩、观赏的场所，这种环境在功能上、艺术上能给人带来享受，使人向往。

生态环境的最大特点是具有自我调节、平衡、循环的系统，如果没有这个系统，则只能是一种环境状态，比如"月球"环境；环境本身无优劣，只是有了"对象"后就有了优劣，比如南方的树移到北方，则北方的环境对该树来讲，环境就是劣。生态环境强调的是一种系统，一种循环自愈系统，一种宜人的系统；从地球环境的演变来看，水是生态的基本，是水产生了生命，生命改变了地球环境，形成人们目前赖以生存的地球生态环境。生态环境的状况对人而言，一种无污染、可持续、良性循环的生存环境就是优质的，这些系统能力的优劣决定了生态环境的优劣。"风景园林"形式下的"生态环境"，或"生态环境"下的"风景园林"形式都是以提供优质宜人的生态环境为出发点。

随着社会的发展和认知上的进步，园林学科理念所涉范围在不断扩大，也许如"囿苑"被"园林"替代一样，园林也许会被更为范广的词汇替代。

目前，业界对"园林"与"景观"的关系总是争论不休，同样如果把景观一词分解，再组合溯源分析就可清晰其意义。

景观

从"景"字体的演变看含义，"杲""景"，从字体演变可得出以下结论：

1. 上首部为日，表示太阳高照，光线下高台上的建筑因影而壮观；

2. 表现风光景色，表现景象状况及佩服、敬慕之意。

从"观"字体的演变看含义，"靉""觀""观"。从字体演变可得出以下结论：

1. 字左以动物头形为主，"两目"张观，字右为人目，字形易解为注目察看；

2. 字体简化后更加突出"见"，即为"注看"之意。

景观一词直译为人在看、察、关注风光，是物体景象与人观行为的关系。

园林与景观相似在环境，园林是一种可看、被看的景物，可成为创造环境的要素，而景观则是对环境中存在的现象观察反映，不是创造环境的要素，这是园林与景观的最大区别，如果把园林景观，相组成词，似乎局限在园林观赏性上，字面上也就是对园林的观看、观察，景观则可与很多定性词相组，如公路景观、滨水景观等。所以园林与景观实际上是两个不同概念的词组，狭义上园林只是一种景观现象，景观可认为是对环境各类要素的观察反映。

让世界了解中国园林。保护传承我国传统园林是民族之事！是世界之事！

通过以上附文对进一步体会园林传承与思想会有更大帮助。

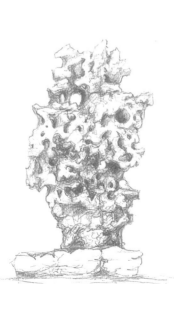

二、论园林设计创作

园林是改善城市生态环境的重要因素，是提供游憩、观赏的户外景观场所。设计创作是人们在对事物的理解基础上，经思考对事物认识的构想计划与表现。园林设计创作就是围绕生态环境中的"园林"要素和游憩、观赏场所空间等景观特性进行的构思计划与表现。

从园林生态环境要素的广义性角度出发，研究落实的是园林要素中地形、水系、植物等生态元素的配重，这些要素在生态环境中具有系统性，是维持生态环境平衡的重要内容。

从园林的狭义性角度出发，则是进行地域、地块、生态、游憩、文化、美学、建筑等方面的规划、整合、设计内容，园林设计创作也是从这些方面来展开论述的。

设计创作都有个准备过程，对项目背景的了解、任务的清晰、现场的调研、相关资料收集与分析等，都属于准备阶段。准备阶段的工作，要抓住园林项目的特点、功能需求等，有针对性地进行工作，这不仅体现在项目地域、地块环境、范围界限、内外交通、地形地貌、地质水文、气候条件等可见内容上，更应对地域历史、民俗、习惯、传统景观等文化内容予以重视。

在充分准备的基础上，可进入项目策划、方案设计阶段，也有把项目策划与方案设计分开的，两者之间既有联系也有很大差异，看侧重点在哪里，有策划指导、限定方案设计的，也有依方案设计进行项目策划的。

设计创作是方案设计的主要内容和设计起手的重要环节，决定了设计走向，如何落实一个有创新、有特色的设计作品，不仅是建设方的诉求，也是困扰设计师的"槛"，设计师为此投入和付出的精力也是最多的。

如何才能做好设计创作，是个难以讲清楚的问题，能力、阅历、悟性、爱好、机会等诸多因素都有可能影响设计创作，主观上抓住创作人才的培养和团队的创作能力是关键。

人才的培养是设计的基础，只要刻苦训练，方法得当，就能成为设计创作"高手"，如果再悟性高、兴趣大、自律强、机会好则能成为设计创作的"超一流高手"。以运动员为例，同样的训练为什么能成就一批"高手"，但能成为"超一流高手"的选手寥寥无几，这就是刻苦加悟性的结果，每一个有成就的人无不是刻苦的结果，刻苦是成功的前提。

团队建设是个体人才的支撑平台，是设计创作的保证。园林具有功能性、艺术性、文化性等综合特点，虽然艺术创作具有排他性，主创人非常重要，但没有团队作为后盾，个人的单打独斗很难做出像样的成功作品，这与书法、绘画等艺术创作有很大区别，园林设计需要多环节、多学科的配合，取长补短，共同论证。

园林设计创作的核心，首先应符合生态性要求，其次应具有意境与文化特点，再次才是形象艺术表现。风格取向是园林设计创作的定位，园林风格总体可归纳为传统与现代，传统风格有"中式""西式"等，现代风格似无明显区别，"新中式""新欧式"的创新扩展了现代风格；创新为立足点，特色为追求境界，构成了园林设计的方向。

园林设计创作表现的重要部分是设计图，设计图怎么画得从构图开始，构图是绘画当中的重要部分，绘画是一历史悠久不断创新的艺术。园林设计构图有其特殊性，应从功能目标性、思想理念性、全局空间性、系统内容性和限制条件性等方面着手开展，设计者应具有良好的美学修养，具有洞察环境、洞察事物的能力，具有勤学苦练、刻苦钻研、理论联系实际的作风，具有对项目认真负责的态度与悟性。

功能目标性：任何园林设计项目都有个功能目标，功能目标决定了项目性质，公园是公园的设计目标，游园是游园的设计目标等。功能目标的确定，设计任务书是一个方面，更重要的是如何洞察环境，把功能目标通过一定的设计创作有机、有序、自然地整合到设计中去，使设计成果既具有相符的功能，又具有整体的艺术美感。

思想理念性：现在设计"时髦"首先讲个理念，探讨下文化，与项目结合得如何，有没有结合项目也不管，造成的结果是破坏削弱了思想理念。思想理念具有完整的体系性，是文化特质的表现，文化表现就有其"文化构图"的特点。如南京中山陵，设计者吕彦直以"钟"为总体平面构图，寓意"警钟"唤起民众，契合孙中山倡导的民族思想。类似成功案例很多，也就是思想理念必须与设计创作结合起来，通过一定的构图图形得以表述其设计的思想性。

全局空间性：全局空间性从构图开始，必须把握尺度、比例，采取相应的手法。点、线、面是构图的基础，点在什么地方，线向什么方向，这确定了面的形态特征，设计构图中每落一笔都必须照顾到整体轮廓大局，要把对象当成整体一气呵成，这样才能使画面生动、合乎比例。园林设计构图的全局空间观可分为三个方面，一是疏与密，二是主与次，三是自然与人工。可以说，把这三个因素处理好了，园林设计构图不会差，加上较好的设计基本功，肯定会形成赏心悦目的设计作品。

系统内容性：园林设计应强调系统性，内容往往决定了系统，有什么样的内容对应什么样的系统，系统与内容相统一，这是园林设计构图中的原则之一。如动物园强调分区性、观赏游线性，设计时就应按动物展示内容进行系统的构图，有主有次，疏密得当，互不干扰，安全相安。

限制条件性：有过园林设计经历的人都有体会，就是设计项目中限制条件很多，限制条件分为主观和客观、自然与人为因素等。这些限制一方面制约了设计创作中设计的发挥，而另一方面往往成为设计创作特色、构图特色所在，合理地处置限制条件是设计者必备的素养。比如红线限制了构图的完整性，地下管线限制了构图的布局，山体、水体限制了构图的可达性等。

此外，光、影、色在园林设计创作中往往被忽视，其实这是非常重要的方面，从摄影角度讲，不论是黑白照还是彩色照都强调光，有了光就有了灰度与色彩，光、影、色是园林设计构图中应予以考虑的重要方面，巧妙地布局与运用光、影、色能使设计构图"立"起来。

在园林设计创作表达上，涉及效果与场景的表现。效果的表现以创作概念图片、鸟瞰图、相关景观节点透视效果图为主；场景以动画、多媒体为主，尤场景动画的直观性、整体性和连续性，是表现大型和复杂项目园林设计创作的良好手段。

以下附文、附图注重设计创作意境的表述过程和对相对具体设计项目及节点的设计意向，引导设计落笔点。由于篇幅因素，不可能也没必要选择过多完整的项目进行范例表达，所选少量"随笔"为工作实践中留下的草图，展现了一些设计创作的基本技巧与内容，并通过评判可进一步把握"随笔"的关键与重点。

附一 "窗梦江南"——第十二届中国（南宁）国际园林博览会南京园设计综述

在第十二届中国（南宁）国际园林博览会南京园方案设计竞赛中，由我主持以"窗梦江南"为意境的南京园设计得以胜出。南京，拥秦淮灯影，映市井繁华，人文汇聚，山水灵秀，南京园以园林之窗展现江南园林之魂，驻于窗而窗收缤纷，千合万景，似梦于园林中，梦归江南地。明末清初文人李渔认为"开窗莫妙于借景""一有此窗，则不烦指点，人人俱作画图观矣"。南京园，通过形态各异的园林花窗串联了园林空间，展示了园林文化，体现了南京浑厚的城市底蕴，南京园诠释了江南园林之特征。

江南园林特征归纳为"巧于因借，精在体宜""虽有人作，宛自天开""小中见大，步移景异""情景交融，诗文画意"。

"巧于因借，精在体宜"出自《园冶》的《兴造论》，"'因'者：随基势高下，体形之端正，碍木删桠，泉流石注，互相借资；宜亭斯亭，宜榭斯榭，不妨偏径，顿置婉转，斯谓'精而合宜'者也。'借'者：园虽别内外，得景则无拘远近，晴峦耸秀，绀宇凌空，极目所至，俗则屏之，嘉则收之，不分町疃，尽为烟景，斯所谓'巧而得体'者也。""体、宜、因、借，匪得其人，兼之惜费，则前功并弃，即有后起之输、云，何传于世？"该段精辟文字诠释了造园中的因借与体宜。从大多数实践分析"因"与"借"似乎有规可循，而体宜则较难把握，谓"匪得其人"，为什么计成在"体宜"上表述较少，这就是造园艺术的特点，一幅山水画可气势磅礴，大山阔水，可微峰细瀑，园林中的一石一木、一堂一轩、一池一塘，都与环境相关、相配，仍"无定式"，全在造园家感悟之中，以仿实物比例模型和计算机建模都难以把握"体宜"这一美学特征。

"南京园"在这方面可归纳为因窗互借、体量得当。因窗互借是该园的主题性特色，但并不是一味"窗"多，否则不可聚焦，哪里设窗，哪里为墙，则依意境与空间的要求。内透成景，景中有景；外借成画，画中有画。体量得当是从总体布局与筑园要素这两方面来衡量的。总图设计上应把握空间关系，使得主次分明，取得体量上的均衡。在地势、山石、水体、建筑、步道和植物上把握体量分布，突出重点。从展园建成效果看，这两方面除了个别小品略有夸张外，其余均较为理想。

"虽有人作，宛自天开"出自《园冶》的《园说》，人作为人工造作，天开为自然而成，江南园林强调的就是人作要顺应自然，犹如自然，这是评价园林的尺度与标准。园以僻静为好，景物相配雅致为上，树木与树木、山石与山石、水体与水体、树木与山石、树木与水体……虽有"定式"，更应顺应环境，不拘一格，不断创新，才能造出"宛自天开"的园林。

"南京园"地处坡岗，南北高差达 4 m，因地制宜，因势布局，尊重自然环境是人作天开的起点，景物依势自然，高低错落一气呵成，树木大小、山石体块、建筑体量等与园林空间相协调，互为共处相得益彰，山是原有的岗，石如土中出，树像自然生，水成园中镜，人作尤天开。

"小中见大，步移景异"乃造园之奥妙。由于江南园林的"私家"属性，往往占地有限，少则数亩，多则几十亩，如何在有限的占地上体现空间的"无限"，如何把庭变园，以小见大，浓缩大山大水之气势，反映园林之意境，体现园林空间之韵味，这是园林布局中应综合考虑的问题。"小中见大"一是在空间上，二是在景物上，通过视觉上的感受反映小与大、大与小的关系，空间上是分割形成主次，景物上是模山范水。

"南京园"在空间划分上可分为东区与西区，东区以组织出入分割空间为主，西区则以展示山水园林为主，有收有放的园林空间很自然地使人体会到"小中见大"的造园技巧。在游览线上结合收放空间布局有序展开，透过景窗看到的是不断变化的景致，角度不同、位置不同、远近不同都给人以不同的视觉感受，景窗不在于多而在于巧，你中有我、我中有你、互为成景、变幻无穷，同时多样的窗饰更增添了景观情趣和欣赏内容。

"情景交融，诗文画意"，江南园林讲究的就是"情"与"景"，一景一物，要能体现心情与情境，满足其追求雅致自在的交融环境，使思想与环境吻合，抒发特定的情感。园林以真山真水创造了这种情景交融的场景空间，情景交融成为造园的终极目标。江南园林是以诗画意境为出发点，诗文是对景致抽象的思想与文化表达，画境则是景致的形象表现。南京园展示了江南园林这一特质。

"南京园"从进入门厅开始就以"窗梦江南园林胜，咫尺演映大观景"为大门对联，不仅表达了"南京园"的主题，而且以红楼梦的"大观园"隐喻南京的地方性，还有以刘禹锡的"旧时王谢堂前燕，飞入寻常百姓家"的诗句给人感悟、联想南京的市井生活与变迁。可以说南京园在追求江南园林特色、表现地域文化，以及园林设计创新上做了值得思考的实践。

让我们作为游人来赏析简述下"南京园"。"南京园"位于园博会地方展园区的核心位置，占地约 1 400 m²，北临水面，南为岗地。"南京园"以退让门轩为入口大门，拾级而上迎面为主题意境的铜质"江南园林"字样的镂空景窗，相印在白墙上，留心的人从此就应开始了"南京园"的赏游。大门上方"南京园"牌匾由吴门书法家谭以文所书，两侧"窗梦江南园林胜，咫尺演映大观景"对联为苏州市书法家协会会员朱奕所书。进入门轩，八角空窗映现园内景色，窗上有出自《红楼梦·大观园题咏》的"衔山抱水"牌匾，这与对联中的"大观景"相对应。驻足园内，迎面景墙依岗坡而建，白墙上有阴刻的"南京""金陵""白下""建邺"等字样，更有色彩艳丽的"凤凰祥云"云锦相嵌于墙上，这些直白地表达了南京元素和地方特色。环顾四周，南岗丛林、东隐步道、西藏山水，具有明确的导向性，沿墙步入，透景变幻，园内山水、廊榭、树木、文联、小品样样体现着江南园林的特征和地域文化内涵，全园以墙分隔、以窗相透、水聚山高、亭榭有彰，顺脊而下回视园景，巧妙地收尾出园，一个以窗为引，以文为意的"江南园林"展园，会给所有游客留下深刻的印象。

附二 莫愁湖海棠精品园名称征集——棠芳阆苑

　　海棠自古有花中"国艳"之誉，古时六合就称棠邑，义释为盛产海棠的地方。莫愁湖为南京历史名园，文化底蕴深厚，海棠也已是其园林文化内容之一，并已成为南京观赏海棠的守望地。"棠芳阆苑"名称征集理念取自诗经《卫风·木瓜》"投我以木瓜，报之以琼琚。""投我以木桃，报之以琼瑶。""投我以木李，报之以琼玖。"木桃据考即为海棠中的木瓜海棠和贴梗海棠，至唐代才有"海棠"一词，唐代前木桃即为海棠，琼瑶乃美玉、仙宫，以"木桃琼瑶"组合成句则恐现人误解，且过于直白，经斟酌海棠精品园征名拟为"棠芳阆苑"，棠芳体现了"国艳""花神""花尊"之本意，阆苑即为仙境有"瑶池阆苑""阆苑瑶台""阆苑琼楼"之语，与琼瑶同义，诠释仙境、美玉精品也，所以"棠芳阆苑"最能体现海棠精品，苑乃园也，更适属地特色。步入"棠苑"尤入仙境，"身居锦绣，足涉琼瑶"正好反映了游赏之情景境遇。

　　该文为参与莫愁湖公园在营造"海棠精品园区"时进行的景名社会征集活动所应征内容，体现了园林文化的意境创作过程。后由中国书协第七届副主席，江苏省文联副主席，江苏省书协主席，江苏省政府参事，江苏省美术馆名誉馆长，南京大学博士生导师，中国书法家协会第八届主席、副主席、理事孙晓云书法家题字。

附三 连云港江苏省园博会南京园（地方展园）设计意见

南京园设计在定位上一般依据大会要求，如南宁园博会南京园所在的展区大会定调的是江南传统园林，但在同一展区的昆山展园，则以现代建筑小品游览场景式布展体现，诠释江南园林风味而一举获得好评。所以，就定位问题也是可研究探讨的。

各类园林博览园经多年的积累，大家对园林展园的建设已形成相对固定的模式与目标，一方面在内容上力求创新，尤其在文化创新上取得共识，各地都有地域文化与特色；另一方面是在推广园林新品种、新材料、新技术方面寻求突破；再一方面是能反映当下风景园林与生态环境行业发展方向。缺乏文化、堆砌文化、小品式的展园往往成为"垃圾"作品。展园的成功不在于投入多少，而在于"巧"，在于"精"，南京具有的文化底蕴足以支撑展园的不断创新与特色发展。

附四 玄武湖侧门节点之园林意境

翠州门是玄武湖东部承上启下的节点，游人留影之处，此处所选之石浑厚有韵，犹如天降遗石，俯卧"石神"压住气点，乃风水所需。前以"石形"喻名落俗匠人。我还是认为应从环境入手为佳，正如《园冶》"园说"中的"远峰偏宜借景"，我们应把握这里山、水之特征和中国传统文化理念来设定景名。

1."望山守水"
体现"石神"的责任和观赏山水之妙地。守望山水、山水互望、祈求平衡、风调雨顺。

2."烟水云山"
取自《园冶》"江湖地"中"悠悠烟水，澹澹云山"之句。山水相连，阴阳平衡，高低相望。

3."山高水阔"
"紫金以山为高，玄武以湖为阔。"
站于高处俯视为广阔，处于低位仰望为敬高，此乃观看体验金陵山高水阔的最佳点。
同样能在紫金山峰顶选位设点表达同一词句（望水守山、烟水云山、水阔山高）则相互互应、互望互守，乃天下大成。

附五 某景区设计草图

设计关注点：

1. 设计构图的整体性，简洁流畅大方，轴线清晰；

2. 滨水河道的保护利用与景观提升。

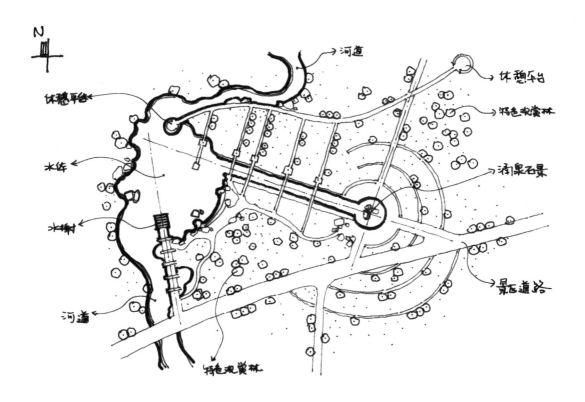

河道

休憩平台

休憩平台

特色观赏林

水体

润泉石景

水榭

景区道路

河道

特色观赏林

平面设计方案草图

附六 某游憩环境设计

设计主要关注点：

1. 设计构图的协调完整性；

2. 地形自然环境的融合性。

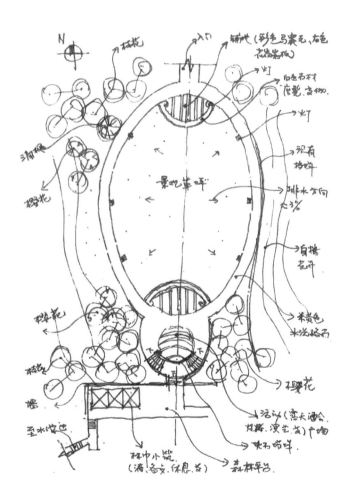

平面设计方案草图

附七 某盆景展览园设计方案草图

设计主要关注点：

1. 地块特点呈三角形，由主、次园路围合；

2. 展园构图与地块形状的融合；

3. 盆景布展的序列、节奏、主次增强了游赏性。

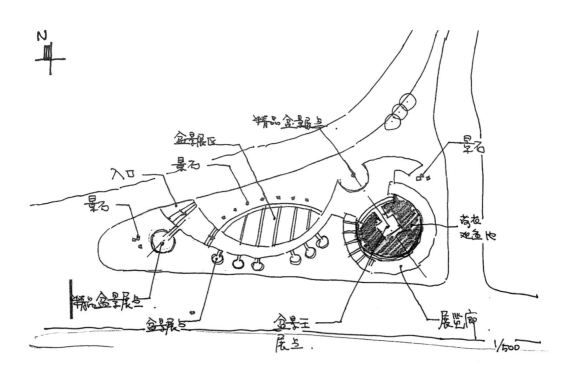

平面设计方案草图

附八 某传统街区景观设计

该区域为传统街区的公共中心，具有休憩、游览、组织观景等作用。

设计主要关注点：

1. 传统街区肌理的整体性；

2. 景观空间的组织；

3. 景观要素的布置。

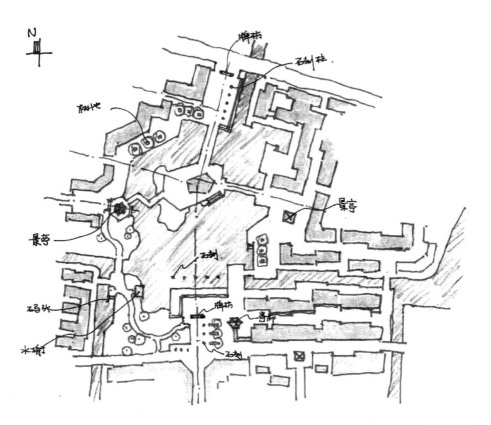

平面设计方案草图

附九 台儿庄"古城"关帝庙后广场设计方案

设计主要关注点：

1. 标志"宝塔"与周边环境的关系；

2. 承上启下，作为关帝庙的收尾。

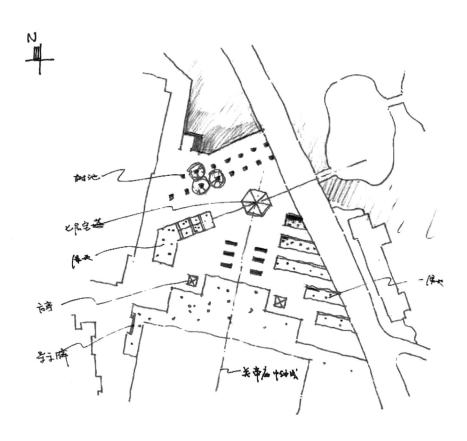

平面设计方案草图

附十 某景区设计草图

设计关注点：

1. 有序的功能布局；

2. 设计构图的完整、协调、节点细部；

3. 自然的滨水空间。

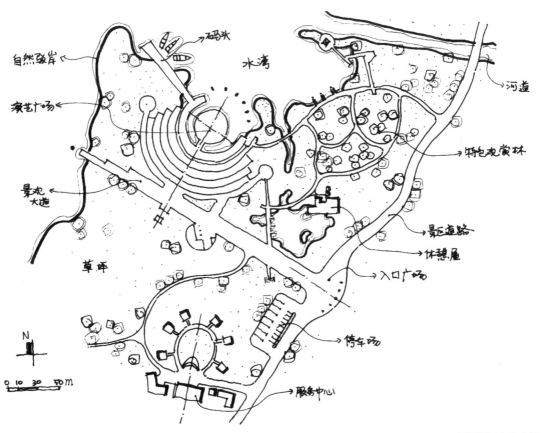

平面设计方案草图

附十一　高淳湖滨广场设计

该项目位于高淳丹阳湖路南端的固城湖旁，是城市区域的重要景观节点。该项目设计（在建成后）获 2018 年度江苏省第十八届优秀工程设计一等奖、2019 年度行业优秀勘察设计奖优秀园林景观设计一等奖。

设计主要关注点：

1. 设计构图的完整性与协调性；

2. 亲近滨水性；

3. 现状地形的利用、最小干预性；

4. 水位的标识。

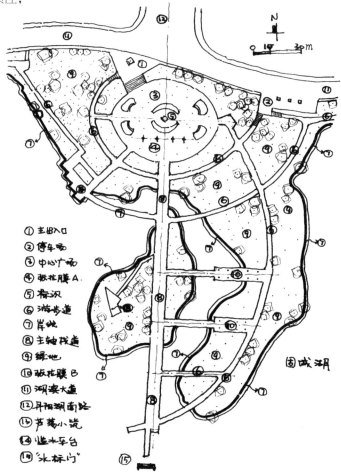

① 主出入口
② 停车场
③ 中心广场
④ 张花膜 A
⑤ 旱冰
⑥ 游步道
⑦ 岸地
⑧ 主轴栈道
⑨ 绿地
⑩ 张花膜 B
⑪ 湖滨大道
⑫ 丹阳湖南路
⑬ 芦荡小览
⑭ 临水平台
⑮ "水标门"

固城湖

平面设计方案草图

附十二 某纪念园景观环境设计

设计主要关注点：

1. 总体的协调性，特色氛围的营造；

2. 雕塑等主题性公共艺术与纪念园环境的融合。

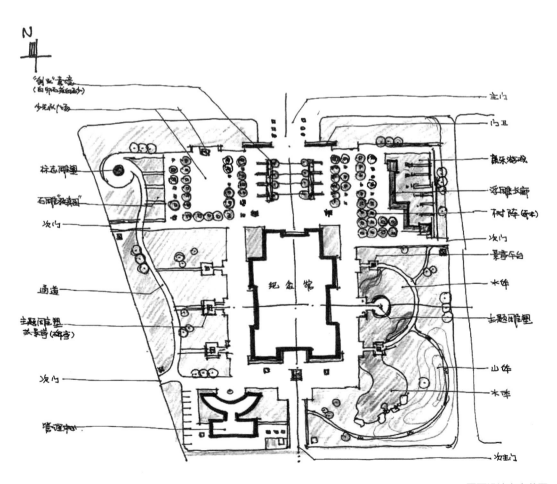

平面设计方案草图

附十三 某滨水片段设计

设计主要关注点：

1. 展现城市滨水景观的空间特点与功能性；

2. 设计线型流畅具有节奏感；

3. 河道蓝线应进一步明确；

4. 古城墙保护。

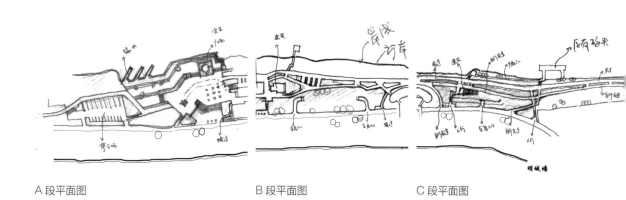

A 段平面图　　　　　　　　B 段平面图　　　　　　　　C 段平面图

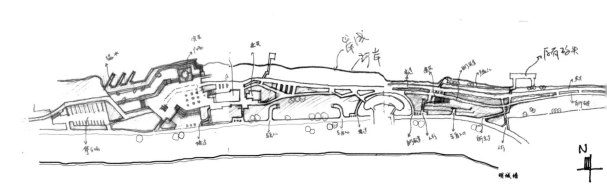

平面设计方案草图

附十四 第十二届中国（南宁）国际园林博览会南京园设计

南京园占地约 1 400 m²，大会确定其风格为江南传统园林，展园总体布局有序，展现了现存园林的风采和南京的地域特征。南京园荣获第十二届中国（南宁）国际园林博览会室外展园综合竞赛"最佳展园"，专项竞赛"最佳设计展园""最佳施工展园""最佳植物配植展园""优秀建筑小品展园""最佳园博会创新项目"，共六大奖项。

设计主要关注点：

1. 展园总体设计上不仅符合江南园林特征，而且符合展园的游览特点；

2. 以收放有序的"转折"和"近人"的尺度、形象，进入模山范水的"西苑"；

3. "窗梦江南"的南京文化表现。

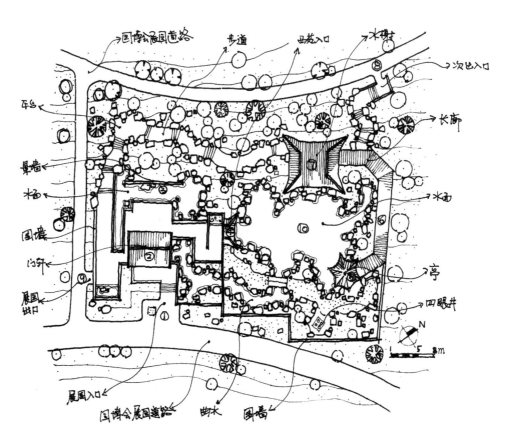

平面设计方案草图

附十五 第四届中国绿化博览会（贵州）南京展园设计方案

展园的最大特点是展览文化的针对性。绿化博览会南京展园就应在南京"绿化"文化上做文章。该设计方案以 3.12 为主线，"文化性"的表达了中国植树节的来历，用"数字"体现孙中山、毛泽东伟人对植树绿化的重视，展现了南京绿化成就，这是最好的思路表达。该设计方案后被南京滨江绿博园采纳落地建设。

设计主要关注点：

1. 文化展示的途径；

2. 展园空间组织与要素。

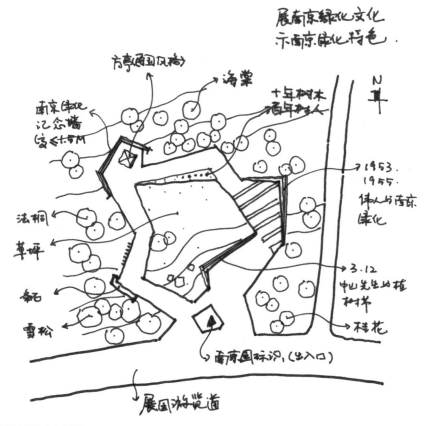

平面设计方案草图

附十六 第五届中国国际园林花卉博览会南京园展点设计

展点设计创作中选取南京城南"马头墙"为设计表现元素，体现南京的这一特色。展园设计获室外造园设计金奖。

设计主要关注点：

1. 地域景观文化特色符号的选取；

2. 展示观游空间的组织；

3. 博览会展园的细部设计。

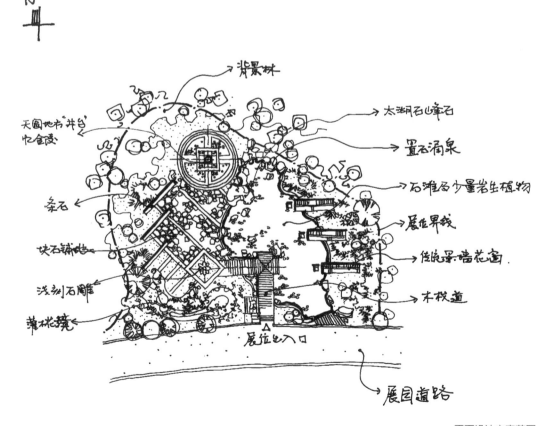

平面设计方案草图

附十七 泰州市迎春公园设计方案

该项目为结合人防管理中心、人防科普形成的综合性城市公园，整体设计系统流畅完整，功能分区明确，游憩功能突出，景观丰富。

设计主要关注点：

1. 总体与局部的构图手法；

2. 灵动相聚的水体；

3. 建筑选位成景。

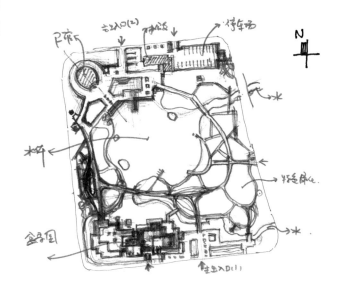

总平面设计草稿

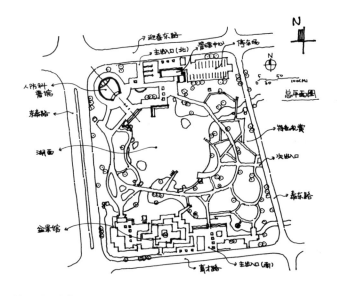

总平面设计草图

以设计草图为依据，结合各专业意见形成完整彩色总图，成果如下：

总平面设计图

① 北入口	⑤ 人防科普馆	⑨ 探险乐园	⑬ 船模俱乐部	⑰ 盆景园
② "启航"草坡	⑥ 历程水岸	⑩ 梨花深处	⑭ 智能篮球场	⑱ 芦荻飞雪
③ 人防管理中心	⑦ 军民草坪	⑪ 船趣沙滩	⑮ 田园迷宫	⑲ 落樱广场
④ 停车场	⑧ 鸢尾园	⑫ 百米跑道	⑯ 梅园山色	

附十八 马鞍山阳湖塘公园项目

该项目呈现自然山水园林韵味，构图流畅，系统完整。

设计主要关注点：

1. 公园的整体自然形态；

2. 山、湖的虚实空间；

3. 游线系统；

4. 山林植物特色；

5. 尊重地块的"原始性"。

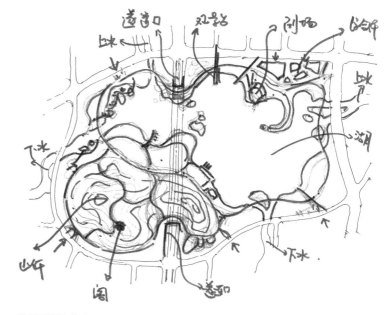

总平面设计草稿

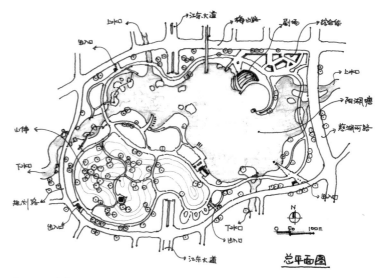

总平面设计草图

以设计草图为依据，结合各专业意见形成完整彩色总图，成果如下：

总平面设计图

① 临湖撷芳	⑥ 森氧杉境	⑪ 滨水运动中心	⑯ 采石花园	㉑ 休闲廊架
② 水岸观澜	⑦ 采风诗廊	⑫ 游船码头	⑰ 高台览胜	㉒ 荷风水岸
③ 石矶展卷	⑧ 栖水云桥	⑬ 健身森林	⑱ 阡陌花塘	㉓ 想梦田埂
④ 文创街区	⑨ 缤纷水径	⑭ 人防广场	⑲ 七彩乐园	
⑤ 杉林水径	⑩ 林下茶歇	⑮ 细语梅林	⑳ 欢乐水岸	

三、论园林生态环境

在论述"园林生态环境"前，应对园林、生态、环境的含义分别表述，这就清晰了"园林生态环境"概念。

园林：简要概述就是提供人们游憩、观赏的场所，提高人们的生存活动空间品质。

生态：简要概述就是生物的生存状态，生物相互之间、生物与周围空间之间的链动关系。

环境：包括物质因素与非物质因素，总体上讲就是指相对于人而言的一切自然要素的总和。

"园林生态环境"则可概括为提供符合自然生存规律的生存空间和供人们游憩、观赏的场所，满足人们物质与非物质要求。

宏观上生态环境是园林的优先定位，微观上园林是以提供人们优质户外活动空间为出发点，以符合人的行为活动与舒适要求为目标，营造优美的生态环境。园林生态环境因地域特点、行为习性等不同而不同，所以提供游憩、观赏场所的园林应从地域生态环境出发进行营造与评判。

社会的进步，城市的发展，追求舒适生存空间成为人们对环境的要求。园林生态环境具有调节小气候、净化空气、吸碳输氧、衰减噪声、美化环境等作用，在一定层面上为治理"城市病"提供了有效的解决途径，园林生态环境已成为城市景观基调和城市生态环境的重要部分，而不仅限在"园林"中，"生态园林城市""公园城市"等概念应运而生。园林生态环境建设使园林事业得到了进一步传承与发展，从相对单一的风景、园林、景观、绿化概念走向城市系统学科，成为人类创造具有良性循环、清洁卫生、文明美丽宜人环境的重要部分。

从风景园林专业角度要实现园林生态环境应从系统、持续、自然、特色、水体、植物等方面为思考立足点。

"系统"是从城市创新角度去认识建立的生态平衡、改善环境的城市空间结构体系，在这个体系中从感知上看，就是园林生态环境系统，其廊道、滨水、斑块等离不开绿地，绿地构成了城市园林生态环境的"基架"，这个"基架"结构必须是系统关系，一种有机平衡关系，具有"自愈"性功能，系统决定了生态体系的质量。

"持续"就是"自愈"性功能可持续的表现。园林生态环境应做到"活性""景观""文化"要素的可持续性。园林随着植物、水体等"活性"要素的变化，会影响整体性生态效能，因此在园林建设时应考虑"活性"因素变化，如不该有大树的地方，就不能种乔木；水体的流向、形态应相对稳定，并符合生态要求。景观要素的可持续性尽管会随着社会发展功能要求不断更新提升，但总应以保护环境作为衡量原则，以安全、舒适、优美等为标准开展相关工作。文化要素的可持续性是园林生态环境中的重要内容，这是由园林特性所决定的。园林是传承文化的载体，是弘扬民族文化的象征，也是举行文化活动的场所，保护传承文化、保护传承园林中的文化，才能使园林持续发展。

"自然"是从城市规划角度，合理地利用地形、地貌建立城市生态系统。园林更是以因山就水、因地制宜为指导思想与原则，对自然的扰动越少越好，能不动更好，这样建造起来的园林生态环境是系统的、可持续的和节约性的。城市建设中开山填湖破坏"风水"，从历史角度看也没有成功的地方。敬畏自然、尊重自然是园林生态环境建设的出发点，"虽由人作，宛自天开"体现了从古至今人们对自然的向往与目标。

"特色"是有别于其他的风格与形式。"巧于因借，精在体宜"是园林因环境因素而形成的"独有"表现，是注重艺术、文化的结果。生态环境同样具有鲜明的特色性，不同的地域，不同的自然条件，不同风土民俗的文化背景下，一定会产生不同的生态环境，这就是各自的特色性。园林生态环境的特色主要表现在文化、艺术、自然条件等方面的限制与差异上，而形成的各自特点、特色往往成为园林创作的起点与终点。

"水体"是地球生命赖以生存的条件，对水环境有专业、专项的研究。园林生态环境中的水体具有维系生态、形成空间、组织空间、构筑成景、通风收光、生物生存、备用水源、水源涵养等多功能及属性。就园林游憩、观赏场所特性来讲，水体的基本要求就是水清无污、可游可赏、安全可靠。江、湖、河等滨水形态，从广义上讲，都可成为园林生态环境中的水体要素。在园林场所中，水体按性质可归为人工水体与自然水体两大类。人工水体是为满足游憩活动要求，由人工建造的"水池"，其特征是有"盆"有"壳"，水存在"盆"或"壳"中，该类水体缺乏自然自愈功能，是"死"水，在园林生态环境中，对生态平衡、良性循环没有作用，甚至给环境带来负担和灾害。自然水体则是存在于自然中的"活"水体，有其自然的良性循环系统和自愈能力，自然水体能满足通风、光照与生物的生长需要，所以园林中应以自然水体的建设为方向，以此为思想理念开展相关建设。保护自然水体是首要出发点，其形状、水底、驳岸、清洁、水源、排水等系统都是保护的重要内容。自然水体的梳理也要围绕上述系统进行完善与景观化，保护好自然已有的水体安全系统。新筑"自然式"水体，应根据属地自然条件，充分调研地质土壤、地下水位等情况，确定可行性，把握水位标高、水流进出、水源涵养等，建立自愈的良性循环系统。总之，在园林生态环境中保护自然水体系统是原则。

"植物"是园林生态环境中重要的要素之一。园林植物的生态习性表现在多样性、群落性、稳定性、美观性等方面。植物具有调节气候、净化空气、吸附有毒气体、减噪降尘、卫生杀菌等生态功能。为了让植物在生态环境中发挥更大的作用，就必须按植物的生态习性进行植物的选择、配植、组合，以稳定群落为目标，体现出生态平衡与循环性。为了获得稳定的植物群落，首先要做好植物树种规划，在选配上应以乡土树种、"相生"树种为主，避免"相克"树种的搭配。观察调研属地的植物生长状况，有条件地进行搭配试验，选择符合生态要求的种植方式和表现形式也是植物群落稳定的条件。应以科学为依据对待"优、新"品种的运用，"侵入"植物肯定会影响地属植物的群落稳定，甚至取代本地植物，影响群落动态，改变演替方向，虽然"侵入"植物也许会形成另一种群落，但这往往要有较长的过程，无法把握其稳定性，不利于现有植物群落的稳定，在不能预知后果的情况下只能限制、严禁外来物种的侵入。园林生态环境下的植物群落大多在人为参与的计划、设计、施工下完成，而在还没有完全掌握群落演替稳定规律情况下，以保护自然、模拟自然仍然是取得植物生态稳定的途径。

构建生态环境是社会发展的结果，是国家政策、方针。涉及园林生态环境的因素很多，可以讲只要地球上存在的都与之有关。我们必须科学地开展各项工作，以生态优先为指导思想，树立地球是人类生存家园的理念，树立人与自然协调和谐的理念，树立保护自然的理念，树立长远的生态效益理念，只有这样人类才能越走越远。愿园林事业在生态的背景下取得更大发展。

附文、附图均从涉及生态环境方面着手，附图看似简单，实有水体、山体修复理念和园林设计技巧。

附一 园林·花卉·绿化博览会推动优美生态环境建设

以风景园林为推手，助力环境建设已成为当下城市建设的重要部分，各个城市承办园博会、花艺会、绿博会等，就是想以此为契机，改善城市环境面貌，带动城市片区发展。

第十一届江苏省园艺博览会落户南京汤山，址选于青龙山、黄龙山、宝华山生态廊道的山水格局之中，在百年工业遗存和采石宕口之间。大会以"锦绣江苏·生态慧谷"为主旨，以"留一日而阅千年、到一地而览江苏、观一处而知南京、品一园而爱江宁、赏一景而懂园艺、来一次而愿重游"为目标。

江苏人地美景如画，"锦绣江苏"就是通过园林景象展现江苏园林美景；"生态慧谷"就是在城市双修下，集聚、展示生态修复智慧技术，形成良性循环的优美生态环境。

由于地理区位和地质条件等因素，连绵的青龙山、汤山一线在历史上就是石矿开采地，明代的南京城墙条石大多开采于此，朱元璋碑材选采地于此，附近的村落也已形成以开山采石和加工石材为业。近代这里还成为水泥原料的开采地，始建于 1939 年的江南水泥厂、1993 年的小野田水泥厂等其原料都与该地区有关。20 世纪 80 年代在汤山开山采石中甚至还发现了古猿人洞。连续无序的开采破坏了地区环境面貌，停采后的环境千疮百孔。

第十一届江苏省园艺博览会在汤山举办，促成该地区的环境整治，园博会从相对单一的展示各地园林艺术、绿化技术、品种推广走向环境整治，这无疑是风景园林事业的进步，是社会发展的结果。

以"绿满江苏"为主题的第一届江苏省园艺博览会的举办地为玄武湖公园的翠洲，几公顷的场地布置得有疏有密，各地方园林特色和园艺技术得以彰显和展示。如今的第十一届省园博会已是占地以平方公里为计量单位，规模、内容大大超出"庙会"式的首届园博会，其项目由一个标志性建筑、两大光智工程、三大形象入口、四大精美花谷、五大精品酒店、六大配套设施组成，融合古建、园林景观、市政、生态治理多种业态，涉及矿坑修复、超大异形曲面结构等多项复杂工程内容，同时还肩负着深入贯彻新发展理念，坚持生态优先、绿色发展，展示"城市双修"成果责任，拟打造文旅融合，"永不落幕、永远盛开"的盛会。

从传统园博会角度上看，本届尚保留了"各地展园"这一"传统性主题做法"，但重点已转向环境整治、创造优美环境和片区转型发展方面，力争摆脱以往展园建了拆、拆了建的"庙会"形式。在环境治理上从清理消隐、加固矿坑、宕口着手，注重旧有设施利用，修复"生态"环境，做到复绿、出彩，展现系统完整的优美环境。在片区发展上，以转型寻找经济增长点、寻找城市特色为目标，形成以特色酒店为基础的游、住结合体系，梳理、建设、完善了片区的道路，形成了便捷的交通系统，为地区的今后发展打下了基础、注入了活力。

从生态文明角度看，宜人的生态系统是人类赖以生存的条件，良好优美的生态环境可以推动更高质量、更有效率、更加公平、更可持续、更加安全的发展。"十四五"发展规划使生态文明建设进入了新阶段，以降碳为重点的战略方向，进一步强调人与自然和谐共生，坚持节约资源和保护环境的基本国策，坚持节约优先、保护优先、自然恢复为主的方针，形成节约资源和保护环境的空间格局。园博会已成为环境建设的抓手，就应根据国家的战略定力，围绕目标从环境治理角度入手，做"大文章"。风景园林应发挥与担当在优美生态环境建设中的主导作用与责任，那种投入大、不协调的"园子"建设不符合园博会的发展方向，"园子"做得好坏对环境建设与文化传承都无实际意义，也不可能以"永久"性的"园子"去形成旅游市场，反倒增添了养护负担，"园子"的出路肯定应与"使用"挂钩，走出"以园养园"的新路。本届园博会的举办为今后向多元化、多样化的方向发展，做了很多尝试与引导。园林、花卉、绿化各类专项博览会将各有所长、各有特点地围绕生态环境建设丰富内容，使环境治理、展游观赏、博览文化综合性地融合在一起。

附二 玄武湖翠洲南岸生态湿地修复

　　玄武湖翠洲南岸原为环洲主道，在结合总体改造中，以营造湿地景观为目标，保留原有杉林，退岸引水，形成了生态湿地型园林景观，步入引幻，鸟语微波，成为园林的最佳去处，是公园"更新"的范例。

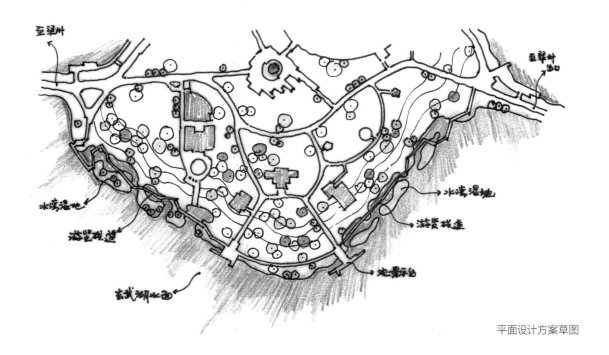

平面设计方案草图

附三 浅论城市河道的治理

城市河道是城市生态环境的重要组成部分，其状况决定了城市品质和城市居民生活舒适度。随着现代化进程的加快，城市河道出现黑臭污染已成为我国许多大、中城市共同存在的问题。消除黑臭、改善环境、美化城市、保持河道的生态持续性，成为目前治理城市河道污染中迫切需要解决的问题。2017年南京计划整治107条黑臭河道，全市建成区基本消除河道黑臭现象，到21世纪中叶，水环境质量全面改善，水生态系统实现良性循环，为此有许多具体工作有待落实。

1. 南京的城市特点

南京市地处长江中下游，主城西临长江，东揽钟山山脉、河网纵横、山岗连脉、江河山林相得益彰，具有山水城林融为一体的特点。秦淮河、金川河萦绕其间，玄武湖、莫愁湖点缀城中，紫金山、九华山嵌入城中。城市绿地数量多、质量好，系统布局合理，具有较好的生态景观、文化、美学特质，其中河道景观占据城市重要地位。

2. 南京的河道特点、体系

（1）分布广泛、相互连接

南京市内河湖众多，中心城区的主要河道有外河和内河之分，内外沟通。秦淮河从东南方向进入城区，形成内、外秦淮河系统。护城河分为东护城河与西护城河。金川河以玄武湖为起点，向北流入长江。

（2）排污排涝、经济发展

南京内河以排涝为主，外河以泄洪为主。其中秦淮河环绕南京市整个中心城区，作为城市生态廊道、城市滨水景观、水上游览航线，历史上是城市社会经济活动的主要纽带。

（3）净化水质、视觉景观

河道不仅承担净化城市水质的功能，而且会直接影响城市空气质量，对区域温度、湿度都有"话语权"，同时为居民创造了涉水空间，优化了城市视觉景观。内秦淮河是南京城内最重要的景观河道，是国家5A级夫子庙旅游风景区的支柱，明朝之前是城市河水体系的本源。

（4）城市发展的退让者

南京市城市建设过程中，有一些河道作为退让者，无奈退出历史舞台。例如，惠民河南起三岔河，北至老江口，是原秦淮河下游入江河道。伴随城市发展及区域河道功能变化，惠民河功能逐渐减退，2000 年，惠民河的河面大部分铺成道路，现名为郑和中路。如此案例在南京城内还有许多，如进香河，也是有名无河了。

3."黑臭河道"的概念

"黑臭"状态是水体的一个极端状态，是由于水体缺氧，有机物腐败而造成的。其表象为水质混黑、散发异味，对城市生态环境和居民生活影响极大。在我国许多城市，河道有机污染普遍存在并日益突出，城市生活、工业污水直排河道污染严重，水体出现季节性或终年黑臭，均成为我国目前城市河道污染问题中亟待解决的水环境问题。

城市黑臭水体识别主要针对感官性指标，百姓为考核主体，不需要任何技术手段就能判断。

4."黑臭河道"原因分析

（1）"问题在水源"

随着城市人口的增加，产生的生活废水量增多，不经处理排入城市河流将会导致水体富营养化，使河道受污染；此外，由于不少河段实行了覆盖，覆盖部分截污、清淤困难，河底淤积物发酵污染水体，每到夏季，河底即翻腾出成片黑色泡沫状或油块状漂浮物，无法清捞，有的污水大量累积，一遇雨水，排入河流成为隐形污染源；有些治污区段化，下游治污，上游排污，源头不治污，这些都是成为城市水体污染的重要因素。大量的工业废水未经处理或处理不达标排入河流、地下等，造成的污染往往是不可逆的。

（2）"症结在岸上"

一是沿河有私接污水管的现象，多数埋在水位以下不易发现，少数企业偷排工业废水与废料使水体受到污染。二是有向雨水井倾倒垃圾、粪便等污染物的现象，这些污染物在大雨时被冲入河道，污染水体。三是沿河废品回收点、洗车场、沿河饮食店家及沿河公厕、垃圾中转站等时有向河道抛撒垃圾、倾倒废水的现象，另外，即使河道两侧没有排污截流管，但还是存在私设管线、自行方便把污水排倒入河污染水体的情况，那些沿河的酒店、餐馆倒污现象令人触目惊心。

5. 黑臭河道整治目标要求

国务院 2015 年 4 月 2 日颁布了《水污染防治行动计划》（《水十条》），2015 年 8 月 28 日，住建部、环保部印发了《城市黑臭水体整治工作指南》。在这两个文件中，明确了黑臭河整治的目标、标准："地级及以上城市建成区应于 2015 年底前完成水体排查，公布黑臭水体名称、责任人及达标期限；于 2017 年底前实现河面无大面积漂浮物，河岸无垃圾，无违法排污口；于 2020 年底前完成黑臭水体治理目标。直辖市、省会城市、计划单列市建成区要于 2017 年底前基本消除黑臭水体。"南京作为省会城市，要在 2017 年底前，基本消除黑臭河。南京目前基本消除黑臭水体。

消除黑臭水体有两个具体指标：

（1）感官指标：水面清洁，无大面积季节性生物残体或漂浮物。水体洁净，无令人不适气味。河岸整齐清洁，无垃圾及杂物堆放。河道水体流动性良好，或水体设有循环设施、采用生态治理等措施。生态环境显著改善，景观效果明显提升。

（2）水质指标：透明度 >25 cm，溶解氧 >2 mg/L，氧化还原电位 >50 mV，氨氮 <8 mg/L。

2015 年 12 月 28 日，江苏省政府颁布《江苏省水污染防治工作方案》，2016 年初，南京市也出台了《全市建成区黑臭河道整治方案》。

6. 黑臭河道对城市景观的影响

（1）污染水源、污染土地、破坏生态系统。

（2）直接导致周边居民、商业等无法正常生活与工作。

（3）河道黑臭影响区域景观质量，造成城市滨水景观形同虚设，游人无法接近。

（4）再好的滨水景观都是自然的。所以滨水景观的建造，重中之重是以保护水源、清除污染为原则，必须呈现一个清水环境，景观建设也必须围绕这一原则开展各项工作，一切对可能造成污染水体的因素，从规划设计阶段就必须严格把控，对已有造成污染的设施必须拆除。

7.黑臭河道治理建议

水环境整治涉及面广、情况复杂多样、社会关注度高，是一项全社会协同的攻坚战、持久战。针对当前水环境现状，从城市河道系统特点考虑，注重城市竖向地理空间，初步考虑并建议以下治理措施：

（1）制定系统的保护河道水体规划

以河道水体保护规划为指导，因地制宜做好滨河景观规划设计工作，尊重"蓝线"，认识自然的发展规律，在治理过程中充分保护河道的自然景观和生态系统，创造亲水空间、水陆过渡带等，以维持生物多样性，为人类提供良好的生活环境，创造美好家园。

（2）工程性治理

一是全面梳理、拆除河道侵占物体，退让河道"蓝线"，贯通河道岸线；二是设截污纳管，全面梳理摸排河道排口，逐年提高污水截流率，确保截流污水全部纳入污水管网，进入城市污水处理系统；三是疏挖清淤，对明裸河道、暗管、暗涵进行周期性清淤整治，将水系清淤工程纳入常态化管理。清淤工程结合生态治理措施，减少淤泥再悬浮和再沉降，真正控制底泥对水质的影响；四是对无法根治的黑臭河道考虑污水管涵化，清水与污水分层、分系统排流；五是生态补水，针对"无源之河"，全面制定科学补水周期和补水量，力争足量、优质提供新鲜补水；六是驳岸整治和绿化，逐步使用生态型驳岸替代现行的石砌水泥勾缝驳岸，做好沿河绿化和水面景观，提升河流景观效果；七是雨污分流，小区实行雨污分流，雨污合流小区实施分流改造，接入城市污水管网，逐步做到"污水入管不入河"，减轻河流的污染负荷；八是暗涵改造，在对河道进行全面截污的同时，对已经覆盖的暗涵进行改造，落实无黑臭措施，尽可能恢复成明裸河道，形成城市内河生态自然景观，提升城市形象。

（3）维护性治理

一是河道、岸坡保洁管理，进一步增加河道保洁人员和经费投入，建立科学有力的考核机制，管理到位、考核到位，保证水面、岸坡整洁；二是定期协调补水，建议根据气候变化等情况加大补水频次和补水量，确保不发生高温季节的水体黑臭。

（4）管理性治理

一是加强执法力度，相关职能部门进一步加大对沿河垃圾中转站、废品回收站、洗车场、公厕、饮食店、吸粪车等各类违规倾倒垃圾的排放点实施监控和整治，建立河道沿岸污染源动态台账；二是加强污染源管理和源头控制，相关职能部门强化污染源监管力度，督促沿河三产企业达标排放，无直排和偷排情况发生，加大对新建设项目中有关污水排放系统建设的审查把关和监督，确保污水排放系统"三同时"的落实，堵住污染的源头；三是开展多种形式的宣传教育，建议政府通过相关措施，鼓励群众举报违法向河道排放污染、垃圾的行为，提高市民爱水护水的意识，发动群众共同参与河道管理。

（5）生态性治理

贯彻"科学治河、生态治河"理念，引进各种有效的环保生态治污高新技术，从生态学角度出发对河流进行生态性治理，恢复河流自净能力，帮助河流生态系统逐步实现自我修复。工程措施是基础，生态措施是提升，两者应相辅相成，才能获得理想的治理成效，保持河流水环境的长期良好稳定。

南京市鼓楼区的部分河道呈现以下特点：

河道：源自玄武湖的内外金川河，其中，内金川河及其支流污染极其严重，外秦淮河、西北护城河已在进行积极的河道清淤工程，效果显著。

河潭：乌龙潭、西流湾等老城内黑臭河覆盖现象明显，对于实在无法治理的黑臭河建议进行污水管涵化。已消失的河潭（如西流湾），要梳理其原有水系情况，消除污染，消除黑臭。

城市发展和生态环境治理非朝夕之功，应用系统的、生态的、综合的治理方式解决问题，科学合理规划，精细组织实施，使城市生态功能得到系统性、根本性的修复；城市黑臭水体整治也不是"一次性"工程，"碧水蓝天"需要长期的持续性投入，需要建立长效常态的体制机制，最根本的是要看群众的满意度，努力营造"公众齐参与，全民来保护"的治水氛围，真正实现"共治共管、共建共享"。

附四 玄武湖东岸水质治理

玄武湖东岸水质长期受紫金山沟"污水"影响，随着雨污分流工作的推进，由紫金山沟进入玄武湖的水质得到了改善，同时在山水入湖时采取逐步过滤的方法进一步清洁了水质，改善了生态环境。景观系统也围绕改造的水体系统得到了很好的提升。

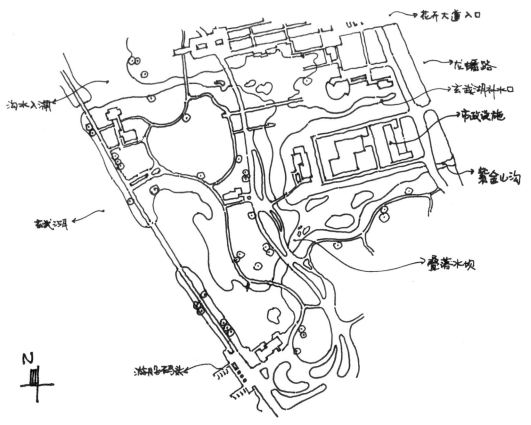

花开大道入口
龙蟠路
玄武湖补水口
市政设施
紫金山沟
叠落水坝
沟水入湖
玄武湖
游船码头

平面设计方案草图

附五 南京方山山体稳定修复工程

　　该区域山体局部陡险，也许由于山脚处的建设扰动了山体，形成塌方、滑移。在采取了加固工程措施后，园林景观成为生态环境"守门人"。

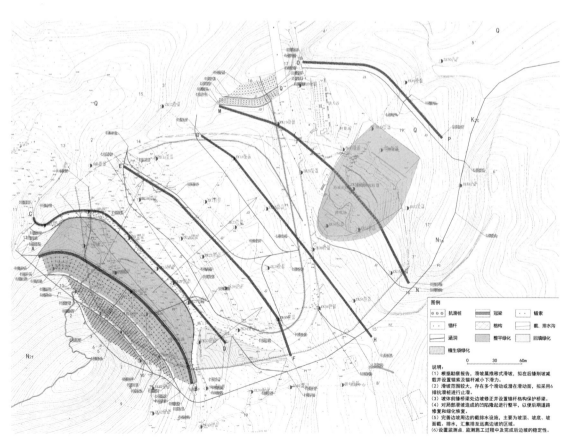

方山山体修复工程总平面图

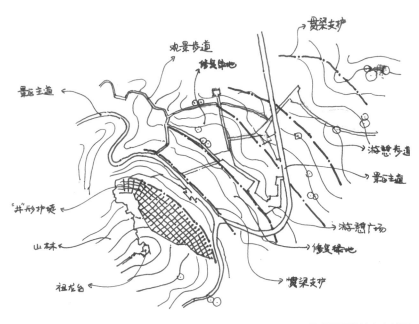

景观平面设计方案草图

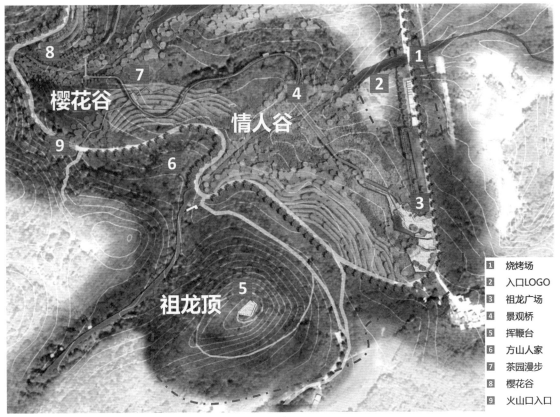

1	烧烤场
2	入口LOGO
3	祖龙广场
4	景观桥
5	挥鞭台
6	方山人家
7	茶园漫步
8	樱花谷
9	火山口入口

总平面图

附六 长沙望城区银杏湾城市公园

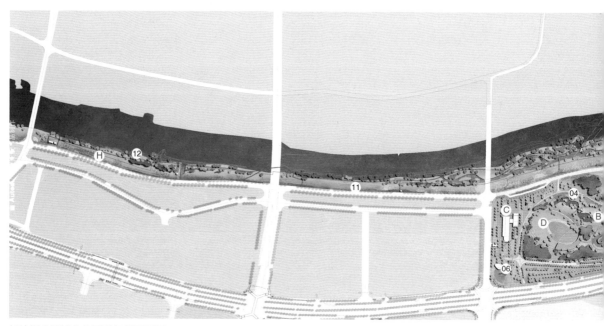

长沙银杏湾城市公园彩色总平面图

主要景点： A 望城新意（主题花林＋主题构筑物＋林荫广场＋游客服务中心＋入口标识）

B 银星溪畔（旱溪＋鸢尾滩）

C 真味南里（月亮岛配套设施）

D 乐享阳光（演绎草坪＋小剧场＋游客服务）

E 彩堤蝶谷（香樟林＋木本花卉＋吟风亭）

F 湘江展望（观景平台＋临江望月台）

G 芦荻花影（芦荻景观带＋杨树林＋主入口景观小品＋广场）

H 杨柳绿堤（宿根花卉堤坡＋滨水漫步道＋亲水平台）

公园紧邻湘江，在公园水体上，以湘江为水源，经"园林生态过滤净化"后成为景观水体，满足游憩观赏需求。

次要景点： 01 阳光草坪（道路绿岛）

02 台地花蹊（滨水园路 + 湿生花卉）

03 凭栏听夏（雨水花园 + 杉林浦 + 听夏桥 + 睡莲湾）

04 鱼水欢趣（鱼主题雕塑 + 景观平台）

05 枫丹白露（秋季景观林 + 景观地被）

06 星月交辉（入口引导主题雕塑 + 次入口广场）

07 生生趣园（儿童生态游乐场 + 健康运动园 + 趣音亭）

08 临江听风（水利设施用房改加建作为景观建筑 + 观景 + 服务 + 江滩入口）

09 迷津花海（湿地花境 + 杨树林 + 湿地观察 + 滨水嬉戏）

10 微步望月（水上栈道 + 水生花卉 + 停船码头）

11 杨柳绿堤（孤植景观树 + 滨水慢行）

12 步莲观梦（水上栈道 + 荷花）

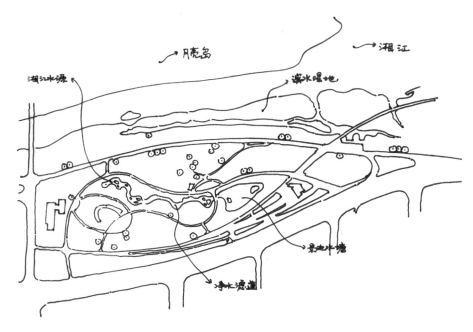

水质过滤净化与景观设计方案草图

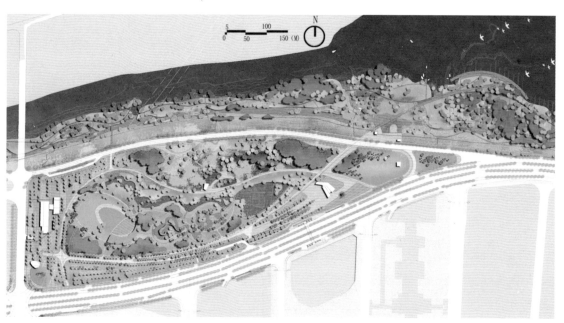

水质过滤净化与景观设计平面图

附七 高淳固城湖水慢城旅游景区

　　该区域原为连片蟹塘，对片区的湿地生态环境影响较大。项目结合水慢城旅游区的建设进行生态修复与景观环境营造，在生态环境整治中，以营建生态型旅游游憩观赏目的地为目标，通过设置相应的游览功能区和水环境自净体系，改善了区域生态环境，并使产业得到了合理的转型，该项目具有示范性作用。

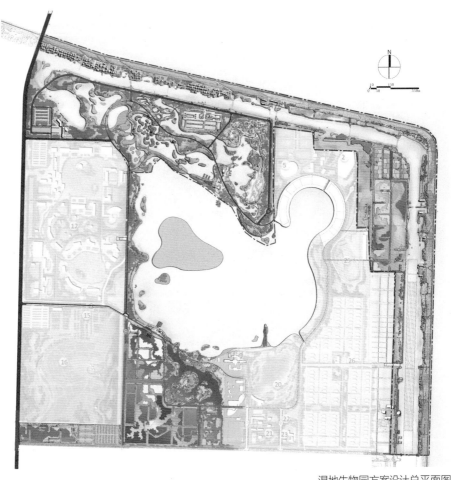

湿地生物园方案设计总平面图

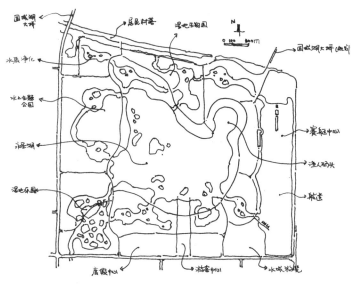

水慢城旅游景区总平面设计草图

水慢城湿地动物园设计平面图

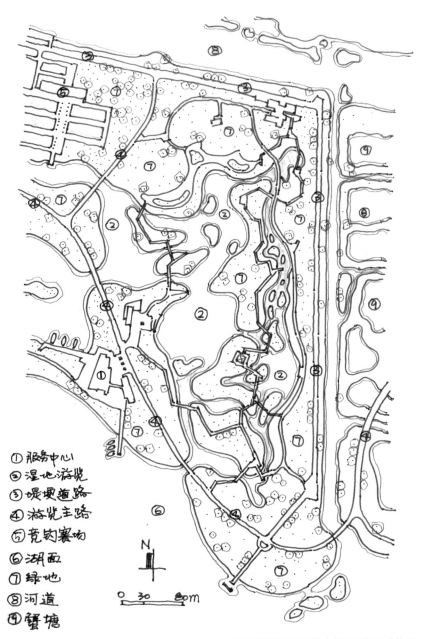

① 服务中心
② 湿地游览
③ 堤坝道路
④ 游览主路
⑤ 竞钓赛场
⑥ 湖面
⑦ 绿地
⑧ 河道
⑨ 蟹塘

N

0 30   80m

水慢城旅游景区湿地生物园局部设计草图

四、论园林与文化遗产

　　文化遗产揭示了人类发展历程。我国作为历史悠久的文明古国，在漫长的岁月中创造了丰富多彩、弥足珍贵的文化遗产，这是人类的宝贵财富，具有历史、艺术和科学价值，园林也是其中之一。园林由"囿"至"苑"，由"苑"至"园"，蕴含着中华民族特有的自然价值观和对自然的认识。保护文化遗产，传承弘扬民族文化是国家方针与政策，是构建文化社会的必然要求，"功在当代，利在千秋"诠释了文化遗产保护的意义和认知。

　　文化遗产从存在形态上可分为有形的物质文化遗产和无形的非物质文化遗产。物质文化遗产为能"看"到的"文化遗产"，包括历史文物、历史建筑、人类文化遗址等。非物质文化遗产为非物质形态存在的、世代相承的传统文化，如口头传说和表述、媒介语言、表演艺术、社会风俗、礼仪、节庆、手工艺技能等，其特点是依民族的生活、生产方式而展现民族特殊个性与民族审美的习惯。

　　作为物质文化遗产范畴的园林，同样是见证人类文明历史的重要内容。以《威尼斯宪章》为基础，以《奈良真实性文件》为辅助，根据中国的实际情况制定的《中国文物古迹保护准则》（简称《准则》）是指导保护修复文物的原则，是指导保护修复园林遗产的原则。

　　在《准则》中，文物古迹保护的十条原则为：必须原址保护、尽可能减少干预、定期实施日常保养、保护现存实物原状与历史信息、按照保护要求使用保护技术、正确把握审美标准、必须保护文物环境、不应重建已不存在的建筑、考古发掘应注意保护实物遗存、预防灾害侵袭。

　　在《准则》中，文物古迹保护工作的六步程序为：文物调查、评估、确定各级文物保护单位、制订保护规划、实施保护规划、定期检查规划。

　　文物古迹的保护单位分为国家级重点文物保护单位、省级文物保护单位和县市级文物保护单位。

　　由于园林概念涵盖"传统园林""风景名胜区""城市公园"等，从文化遗产角度可归纳为二类，一是其园林本体就是文化遗产，该类多为传统古园，如拙政园、留园、瞻园等；二是园林内涉及文化遗产内容，如玄武湖公园、栖霞山公园等。

　　对于本体为文化遗产的传统园林以"保护为主，修缮为辅"为原则，加强日常维护与保养，修缮以修旧如旧，保留传统材料、传统工艺为原则，追求原真性效果。园内假山破损、植物更替、铺地修筑等应按原样、原材、原种修缮恢复，保护本体、保护遗存信息是保护传统园林的根本。

　　对于园林内的文物古迹应在文物古迹本体"紫线"的基础上划定保护范围，确定保护措施，园林建设与维护不得影响、破坏文物古迹，不得设置与文物古迹不协调的景观内容，并按个体文物规定加以保护。

严禁在园林文物本体及园林内文物本体上扩建相关内容,对于复建内容应在确保历史信息的真实性方面做充分研究论证,按文物保护有关程序进行。

对于只有少部分遗存的"古园"修复与复建,大多存在历史信息少或无的状态,这时往往会以对"古园"的理解去进行复建,完成后的"古园"也许符合当时的造园规制,体现了传承内容,但已无原真性可言,失去历史价值,也不是文物的组成部分,搞不好还破坏了文物遗存,对此应慎重。复建应有完整的图文信息、史料信息,把文化与遗产多样性的信息传递下去。

作为文物的园林,其文化遗产通常包括建筑、山石、水体、园路、植物、牌匾、楹联、家具等,目前有关文物保护的内容以对建筑的保护为重点,有关论述也多,而园林中的其他要素也是遗产保护内容,同样应被重视,这样才能确保历史信息的完整性。要以有保护范围和控制范围,有保护单位和负责人,有保护标志,有科学记录的图文档案,这"四有"工作保护文物。

随着人们生活水平的提高,新建"古园"及文化传统景点、景区也逐渐兴起,这是传承传统文化、园林文化的一部分,与文物古迹是两回事,如遇文物遗址地新建,则首先应从保护文物角度出发,做出符合文物保护的回答,否则破坏了历史信息,破坏了文物古迹。

1992 年 12 月在美国召开的联合国教科文组织世界遗产委员会第 16 届年会提出了文化景观这一概念,并纳入《世界遗产名录》中。文化景观反映的内容是人和自然共同作用而产生的一种特殊的人类文化面貌,具有明确的地理——文化区域代表性以及独特文化因素。庐山、五台山、杭州西湖、哈尼梯田和花山岩画为我国五项文化景观遗产地。

文化景观包括三种类型,第一种是人类设计建造的、具有明确规划的景观,也就是人造文化景观;第二种是基于社会文化,甚至为行政或宗教要求,与环境相适应形成的一种景观,也就是文化积淀成的文化景观;第三种是自然风貌与人文结合形成的文化与艺术影响,也就是自然景观与人文合一形成的文化景观,如庐山就是从文化景观角度来考虑逐渐形成的具有突出价值的文化景观。

由于园林环境的"弹性"特点,许多文化遗产都成为园林游览地,文化遗产增添了园林文化内容,丰富了景观,园林有责任担当保护文化遗产的使命。

以下附文、附图围绕文化遗产,注重与园林景观的结合。

附一 文物保护背景下园林景观设计策略

中国是历史悠久、历经沧桑的文明古国。重视考古和文物保护的文化传承工作，旨在更好认识源远流长、博大精深的中华文明，为弘扬中华优秀传统文化、增强文化自信提供坚强支撑。中华民族的广袤大地上分布着各种类型的文化遗产，依据生态优先、绿色发展的原则，衔接文物保护规划、国土空间规划，在公园城市背景下，以文物保护为限制要素的公园建设进入园林景观与生态环境领域，为我们风景园林在文物保护领域的园林景观空间营造，提出了更科学全面的要求，对此应首先了解、掌握文物保护的相关知识与要求。

文物是不可再生的文化资源，包括具有历史、艺术、科学价值的古文化遗址、古墓葬、古建筑、石窟寺、壁画等；与重要历史时期、重大历史事件或者著名历史人物密切相关的，以及具有重要纪念意义、教育意义或者史料价值的近代、现代史迹、实物、代表性建筑；历史上各时代珍贵的艺术品、工艺美术品、重要的文献资料以及具有历史、艺术、科学价值的手稿、图书资料和影音像资料等；反映历史上各时代、各民族社会制度、社会生产、社会生活的代表性实物；以及具有科学价值的古脊椎动物化石和古人类化石等。

与园林景观相关的文物大多位于户外空间，相关园林景观设计工作也以文物保护为核心内容展开，对古文化遗址、古墓葬、古建筑、石窟寺、石刻、壁画、近现代重要史迹和代表性建筑等不可移动文物，文物管理部门会根据文物的历史、艺术、科学价值，确定其文物保护单位等级和不可移动文物等级，前期工作包括编制相应的保护规划、文物影响评估报告等内容。

文物保护单位的等级划分依据历史、艺术、科学价值分为全国重点文物保护单位、省级文物保护单位、县市级文物保护单位和文物保护点、区级文物保护单位。

为适应社会的发展变化，制定和实施全面的针对性文物保护规划，是实现文化遗产及其环境有效保护的措施，在对文化遗产及其周边环境形成整体保护中，应解决保护中重本体轻环境的情况，避免本体与环境的割裂，对大型重要的文化遗产规划必须与当地的城镇发展规划和城乡建设相结合，形成高效协调、科学合理的统筹关系，实现文化遗产价值的完整保护与传承。文物保护规划内容包括各类专项评估、规划原则与目标、保护区划与措施、专项规划、分期与估算等内容；规模特大、情况复杂的还应包括土地利用协调、居民社会调控、生态环境保护等相关内容。

与文物保护有关的城市建设项目、考古遗址公园建设项目、乡村建设项目等都必须进行文物影响评估，在评估中主要从建设项目的整体规划、总体格局与文物保护规划及文物的关系出发，对每个建设项目的选址位置、体量、色调与文物本体、环境、规划的关系，建设项目的功能与文物内涵的关系等多方面进行评估。主要目标是评估文物保护单位的完整性、真实性，为处理好建设项目与文物的关系提供文物依据。《中华人民共和国文物保护法》（简称《文物保护法》）是我们执行的法律依据。

文物保护单位的保护范围和建设控制地带是保护文物本体和环境的重要的工作，应了解与文物保护相关的专业术语，深入理解文物保护与园林景观的融合。

"文物本体"，是保护、管理、展示工作的重点，也是文物保护规划中最基本的概念，本体不存，文物又从何谈起，保护文物本体是文物保护单位的核心。

"保护范围"，是对文物保护单位本体及周围一定范围实施重点保护的区域，在其范围之内，不得进行建设项目，严禁破坏文物遗迹的行为。在划分上分重点保护范围、一般保护范围。

"建设控制地带"，是指在文物保护单位的保护范围外，为保护文物保护单位的安全、环境、历史风貌对建设项目加以限制的区域。按照控制程度的重轻划分为一、二、三类建设控制地带。在文物保护单位的建设控制地带内进行建设工程，不应影响更不得破坏文物保护单位的历史风貌。

"环境协调区"，是在建设控制地带之外，根据保护遗产周边环境景观的需要所划定的，以保护地形地貌等环境特征为主要内容的区域。

"风貌协调区"，是在一定的地域内，为了展现和突出文物古迹、历史景观，对新建建筑及构筑物，在形态、体量和色彩上采取的一定的控制引导措施。

"文物紫线"，为各级文物保护单位的本体和为确保该文物的风貌、特色完整性而必须进行建设控制的地区，有时还需包括必要的风貌协调区。

根据园林景观中涉及文物的工程类型，可分为文物保养维护工程、文物建设控制地带内的环境整治工程和遗址公园的景观保护与设计工程，对应相关要求采取相应保护措施。

文物保养维护工程，主要针对文物的轻微损害所做的日常性、季节性的养护，以解决存在的安全隐患和环境状况，应提交保养维护工程设计方案至相关部门备案。

文物建设控制地带内的环境整治工程，为在文物保护单位的建设控制地带内进行环境整治工程，以保护文物、保护历史风貌为出发点，工程设计方案应根据文物保护单位的级别，经相应文物行政部门同意后，报城乡建设规划部门批准。

遗址公园的景观保护工程设计，应依据文物本体保护范围、建设控制地带、项目实施红线等要素条件，依托相关文物保护规划，制定文物影响评估，工程设计方案应根据文物保护单位的级别，经相应文物行政部门同意后，报城乡建设规划部门批准。

以"明故宫遗址公园及午朝门公园日常养护工程"为例，明故宫遗址公园及午朝门公园现状全部为遗址本体，属重点保护范围。在早期的建筑项目存在外立面油漆面层老化污染、剥落、门扇开裂变形、沿阶石破损、建筑外立面电线杂乱、私拉乱接存在安全隐患，景观方面铺装地面破损松动、铺装材质过滑、地面积水、黄土裸露、灯具破损、照明缺失等情况。依据《文物保护法》园林景观设计中遵循最大保存、最小干预、可识别性和可逆性原则。最大保存，即养护过程中，最大限度地保存遗存所有的历史信息及价值。最小干预，即养护过程中，应采取必要合宜的修缮技术，对遗存进行最小限度地干预。可识别性，即需新修或替换加入的材料与原始部分应有所区分，避免混杂导致误读。可逆性即养护部分可根据需要通过不损伤原物的办法与原始部分进行脱离。对非文物遗产内容，以维护只减不增为原则。设计方案报备相关部门。

在园林景观专项设计策略上，从园林景观的构成出发，重点在空间、绿植、设施方面，采取相应的策略加强文物保护。

空间策略，一是为保护场地内地形地貌等环境特征，避免对地下土层的扰动；二是园林景观基础设施的建设应围绕展示和突出文物古迹的历史景观为主要目标，保护文物信息的真实性，新建设施的形态、色彩和体量在风貌上要统一，不得影响、破坏文物古迹；三是划分功能空间，营造多样的生态园林景观形态，丰富景观体系，避免对文物古迹的干扰。

绿植策略，一是遗址区通过种植草本固化地面，选择浅根系植物覆绿，减少植物根系对遗址本体的扰动；二是文物本体区域及两侧向外延伸保护控制线内不得种植乔木，以低矮地被为主，之外再局部种植花灌木和乔木，保护文物本体；三是依据文物特性，选用合适的植物品种和种植形式来营造空间意境。

设施策略，一是道路铺装在文物保护范围内，以自然生态简约为主，不宜布置大面积硬质铺装，铺装材料以砾石、木材、石材等天然生态材料为主；二是基础构造在布置配套设施的局部区域，为避免管线及相关设施基础开挖影响文物本体安全，可采用局部回填土或加大基础底面，确保基础埋深荷载等均在安全范围内；三是所有的建构筑物基础应选"浅型"，管沟开挖深度应浅，不得"动土"。

以"万安陵石刻遗址公园出新整治工程"方案为例，项目范围均为保护范围，沿神道方向划定 100 m 建设控制地带。主要建设内容为万安陵石刻建筑和周边景观生态环境整治，在此基础上配建相关设施，对文物进行合理展示和利用，同时兼顾片区城市发展。设计从保护与展示两方面入手，充分尊重原有历史格局与文化环境，保持历史文物的真实性，融入新的城市功能，赋予遗址地生机与活力，打造万安陵石刻遗址公园。具体措施包括恢复神道轴线序列、梳理地形、修复生态环境、完善步道系统、延展石刻遗迹文化和配植林木形成特色等。

文物保护背景下园林景观设计策略总结为：

1. 理解领会文物保护的重要性，这是传承中华文化的国策。

2. 掌握文物保护的基本要求和相关法律法规等。

3. 园林景观设计实践中遵循《文物保护法》，同时在生态优先的原则下，彰显文化特色，彰显园林特色。

附二 保护文化遗产、延续历史脉络——朝天宫环境整治设计实录

文化遗产是城市的宝贵财富，揭示了城市的发展历程。南京朝天宫是江南地区现存建筑等级最高、规模最大、保存最为完整的明朝殿宇式建筑。其布局、形式、营造和材料等是研究古建及传统文化的重要实物，具有极高的历史、艺术和科学价值。1956 年南京朝天宫被列为省级文保单位，2013 年国务院公布为全国重点保护单位。

朝天宫历史沿革起于春秋吴王夫差的"设台铸剑"，即南京最早"冶城"的所在地，后三国、东晋、西晋、唐朝、宋朝、元朝均在此处兴土木、建城寺，布道兴文，至明朝洪武十七年（1384 年）重建改名为朝天宫，成为朝廷举行盛典练习礼仪的场所，成为官僚子弟袭封前学习朝见天子礼仪的地方。明朝末年，部分建筑毁于战火，清代康熙、乾隆年间，江南地区社会经济逐步恢复与发展，朝天宫得以重修，"宫房犹盛，连房栉比"。至清末成为江宁府文庙。民国期间曾为国民政府教育部中央教育馆、故宫博物院南京分院、首都高等法院特别军事法庭。

历史文脉延续至今，"一座朝天宫，半部南都史"之美谈享誉四海，但终因年久失修，一些基本设施老化，乱搭乱建，建筑荒废，植被凋零，杂树滋生。针对这些情况，结合文化遗产的保护和博物馆的功能要求，对朝天宫片区进行环境整治，"保护文化遗产，延续历史脉络"成为开展设计工作的主线和关键点。

文化遗产的保护修缮及相应的环境治理都是以价值为依据，所有保护措施都应有可逆性，为以后的保护修缮留有余地。作为具有深厚底蕴、文化价值极高的国家级重点文物保护单位，朝天宫应遵循《中华人民共和国文物保护法》《中华人民共和国文物保护法实施条例》《文物保护工程管理办法》《中国文物古迹保护准则》等中的相关内容，以原状性、真实性、完整性、最低干预性为总原则，在对"保护文化遗产、延续历史脉络"方面的研究后，根据朝天宫的目前状况，在环境治理设计中确定了如下针对性的原则：

1. 去芜存菁原则：除去杂质，保留精华。对于长期以来的不规范建设和乱搭乱建，进行清除和拆迁，使得古建筑立面清晰而完整地展现出来；恢复和完善其原本景观格局，对于传统和历史遗留的景观风貌进行修复，修旧如旧，存其精华，最大限度地恢复其原貌。

2. 功能优先原则：因地制宜，意境交融，以人为本，满足功能需求。在环境整治中，将软硬景巧妙结合，梳理绿地植物时，考虑到景观的通透性和连贯性，为观览提供休憩场所，完善、改造和连通景区内的道路系统，使各个功能区的整治修复符合区域的功能定位要求。

3. 自然生态原则：注重自然生态景观的塑造，充分考虑植物的生态内涵，建立集生态、展示、游览等功能于一体的景观体系。

4. 文化传承原则：挖掘历史、传承历史，对于朝天宫景区的历史文化进行深入研究。在环境整治中，对于古建保护区，做到修旧如旧，并运用传统园林的造园手法，精心刻画景观基础设施和景观小品，力求与整体古建风格统一。对于复建区域，应注重传统文化的引入，符合其历史格局和风貌。

由于朝天宫占地面积较大，主景区达 2.3 万平方米，在环境整治中根据朝天宫的组成，划分为宫殿建筑区、宫苑园林区和六朝文化园区。各区相互融合，"宫"对外，"苑"对内，相得益彰。朝天宫的历史脉络体现了"学研""礼仪"主题，所以本次整治旨在将学习参观与历史结合，怀古修学，在历史的环境中体会古老的中华文明是现代人的巨大财富。

对于朝天宫宫殿建筑区，设计定位为"修旧如旧，还其本原"。"修旧如旧"指的是不改变文物原状，尽最大可能地恢复其本来金碧辉煌、生机勃勃之貌。"还其本原"指的是充分还原古建筑群本来样貌，让人们在参观博物馆的同时可以体会到朝天宫本身的历史价值与恢宏气魄，恢复朝天宫皇家朝天圣地的庄重感与仪式感。

宫苑园林区虽处地有所局限，然而变化甚多，冶山之园，以山为主，林木苍郁，小径曲折，亭阁林池，于谨严、规整的宫殿建筑之旁，尤其显得幽曲、活泼，使宫苑"园地惟山林最佳，有高有凹，有曲有深，有峻有悬，有平有坦，自成天然之趣，不烦人事之工。""杂树参天，楼阁碍云霞而出没，繁花覆地，亭台突池沼而参差。"

对于六朝文化园区设计定位为文化休闲、生态整治、功能优化，在原有景观格局的基础上，整合优化原有景点，适当增加休闲设施，充分体现六朝文化的简洁大气，让观览者在休闲游乐的同时体会到六朝的山林之美和文化脉络。六朝园林讲究大气简洁、回归自然，创造山花烂漫之景。设计中将围绕此主题，增添植物种类、丰富植物色彩，将原本单调杂乱的景观重新梳理，并彻底改造六朝园与其他地块接壤处的不足之处，使得人们在休闲游览六朝文化园的起端，就进入一个六朝文化的氛围中，"空明澄澈，胸襟涤荡"。

南京朝天宫环境整治工程得到各方的关注和帮助，2008 年启动，并于当年实施完成，古典建筑和古典园林形象得以恢复和提升，皇家朝天圣地的庄重氛围和孔子大师雍容纡徐的崇雅之风浩扬涤荡，彰显了传统文化。改造后的休闲和游览设施在给人们感受文化古风的同时，也促进了文物古迹的有效维护和自然山水的可持续利用。朝天宫的历史脉络和风貌将保护并传承下去。

保护文化遗产，延续历史脉络已成为社会发展、文化彰显的重要方面，是传承中华文化的国策。

附三 如何进一步提升南京明城墙景观环境

南京明城墙始建于 1360 年，为明代开国皇帝朱元璋所建，包括宫城、皇城、都（京）城和外郭四重，目前所述明城墙为都（京）城城墙，都（京）城城墙长达 33.676 km，现存长度为 21.351 km，是世界上现存最大的都城城墙，1988 年被国务院列为全国重点文物保护单位。

南京明城墙依山傍水，筑有十三座城门，外以护城河相伴为主，东临紫金山麓，筑城城砖多产于苏、皖、赣、鄂、湘五省，其上文字反映了产地、各级官吏和制砖人，筑城青条石大多开采自南京城东青龙山、汤山一带。南京明城墙是南京城市历史的重要标志，有着极高的历史文化价值，是世界性的文化遗产，反映了人类政治、军事、生产、生活和人类的智慧、技术、精神等，保护城墙并改善城墙沿线环境成为社会的共识。南京明城墙在城市中不仅以文物价值体现其文化性，而且串联了城市的园林风景，紫金山、玄武湖公园、九华山公园、白鹭洲公园、武定门公园、东水关公园、水西门广场、石头城公园、清凉山公园、小桃园、绣球公园、狮子山公园等都是沿城墙分布，这些确立了城市园林风景面貌，改善了城市生态环境，组织了风景旅游。

1989 年南京市人大颁布了《南京市文物保护条例》，其中关于"南京城墙实行重点保护，墙基两侧的保护范围各不少于 15 米。现有非文物建筑物与构筑物应逐步拆除，不准扩建、改建、新建，墙基两侧的建设控制地带各不少于 50 米"。并开始编制明城墙保护规则。1996 年南京第一部专项地方法规《南京城墙保护管理办法》制定诞生后，明城墙周边环境的保护和整治开始逐步推进。南京明城墙的规模性环境整治于石头城公园建设起始，由于长期对文物保护的缺失，沿线城墙形成了"街坊"，很多民宅建筑都贴墙而搭，所以在开始文物保护及环境整治工程时，拆迁成为先期重点，这也是保护城墙、改善环境、形成景观的第一步，是当时投入和难度较大的部分。之后城墙保护修缮与环境整治从综合整体着手，涉及文物保护、风景园林、河道水务等，最终形成以古城墙为主体，护城河（外秦淮河）相伴的游憩、赏景滨水景观空间，完成后令人耳目一新，从城市建设角度极大地推动了明城墙的保护修缮和全面的环境整治。此后狮子山公园、东水关公园、武定门公园等先后启动，这些整治项目从风景园林角度看可归纳为两种类型，一是沿城、沿河进行的环境治理，大多以"带""线"为主，形成相对单一的游憩风景园林，其内以游览道路、绿化景色、小型景点及少量小体量服务设施为特征，如玄武门、石头城、小桃园、武定门等处。二是结合地形，当场所纵深较大时，进行公园建设和改造形成功能较齐全的游憩、观赏及主要的城市"景点性"公园。如狮子山公园、白鹭洲公园、绣球公园、清凉山公园、月牙湖公园等。

时至今日，南京明城墙本体已得到有效保护与修缮，沿明城墙形成了可游、可观、见绿的风景园林环境，保护明城墙改善"生存环境"的"初心"目的达到了。在总结前期做法成果上，如何进一步在文物保护上、环境整治上结合社会发展、认识的提升，细琢精磨，成为迫切需要。

在明城墙及其环境保护整治上，可根据《中华人民共和国文物保护法》《中华人民共和国文物保护法实施条例》《国务院关于加强文化遗产保护的通知》《文物保护工作管理办法》等相关法律、规定要求开展工作，城墙本体及相应环境的强制性要求能够得到保证，但由于人为活动、植物生长等"活性"因素的变化往往成为非可控性，出现不利城墙保护和影响城墙景观的现象，要在以往的成果上，按保护整治要求进一步进行调整。

为此总结经验，从当下对历史文化遗产的认识、生态环境建设和城市更新等角度去不断完善、调整、改进以往的缺失与不足，如：在城墙修缮中成段的筑墙，虽然"连通"了城墙，但文物本体实际上是受到了不可逆的伤害。在城墙 15 m 保护范围内设置构筑物、种大树，在控制范围内建房筑屋等，多年后"破旧"的房屋影响整体景观，并且也未充分使用，树木成丛、成林，其枝叶、根茎等影响城墙，甚至破坏了城墙本体，在景观上树木越长越大压住了城墙的雄伟感，破坏了环境的比例与尺度，诸如此类都是需要整治的内容。

在环境整治中不仅文物"紫线"、保护线要遵循文物保护修缮规定，而且"护城河"蓝线中的相关规定也有要求，总体上讲"复建不如保护，建假不如不建，多种不如少种"。展示城墙的原貌，传承遗产信息，辅以相应的景观环境，彰显古城墙文化是总体方针。就目前明城墙的环境状况提升应从"减法"开始控制，移除修剪"大树"，尤其 15 m 范围的"大树"要逐步清理，让城墙淹没在绿树丛林中是不可取的，城墙下部的土堆要运移，降低标高，与城墙无关的构筑物要进一步梳理清除，充分利用城墙与护城河形成的城河一体特色，高低虚实结合，空间上以空透为主，注重借景，有意识地形成视线通道、视觉中心。这些是一些相对具体的做法，随着对城墙保护及环境建设在认识上的不断提高，从根本上意识到明城墙的环境治理有其特殊性，要以有利于城墙的保护、展示为目的，"花花草草"、绿树成林的景观方法不适合明城墙环境的整治。要有新思路、新举措，从宏观上进一步挖掘文化价值，充分体现出社会效益、环境效益，根据时代特点纳入新观念、新格调、新办法，审视过往，前瞻性地提出提升、完善明城墙的保护规划，使这一古代文明产物与时代交辉，展示时代的光彩，并满足人民群众对美好生活的需求，满足城市生态环境的需求，满足历史文化传承的需求。

附四 清凉门前广场设计方案

从保护"古城门"出发，总体设计简洁，以树阵烘托主轴线上的"古城门"，巧妙处理地形，使"古城门"显得突出，符合"真实性"环境要求。

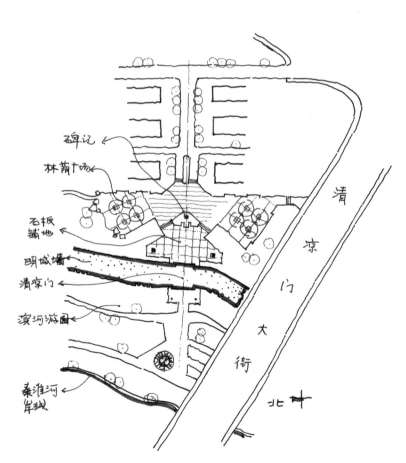

平面设计方案草图

附五 武定门公园设计方案

　　该地块位于武定门南侧，为古城墙与秦淮河（护城河）之间的过渡绿地，古城墙、秦淮河均为文化遗产，是保护对象，该绿地既具有滨水景观特性又具有文保的特殊要求，同时还有河道蓝线的控制要求。设计上以游憩景观为主，设置游步道、点缀园林小品、配以绿化植物，设计中的服务管理中心为明清风格的一层建筑，虽然从需求功能上有必要，但从文保和河道角度看也许就建不成了。

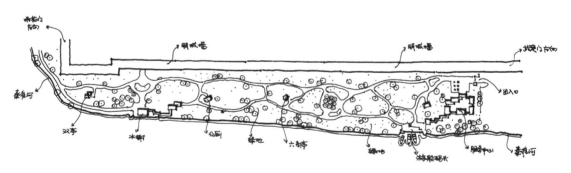

平面设计方案草图

附六 南京高淳宝塔公园设计方案

　　该公园的环境整治提升以"方塔"为核心。"方塔"又称保圣寺塔，为江苏省文物保护单位，是高淳古城的地标。"宝塔"几经修筑、修缮，目前本体状况良好，四周由围墙围合，经勘查考证、文物评估，在"宝塔"保护范围的南部有残留的"石柱础"为保圣寺遗物。其余围墙及内部的石刻、

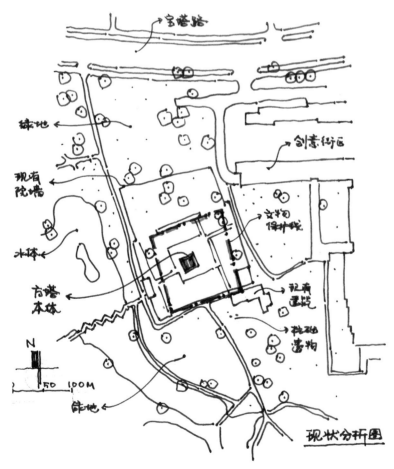

宝塔公园分析图

古砖等均为它处收集存放于此。保护、展示本体，改善文化遗存的"生存"状况，固化景观环境，为本次设计的指导方向。

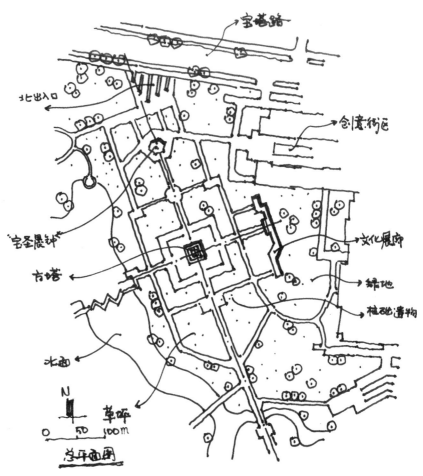

宝塔公园设计方案总平面图

附七 李鸿章祠堂保护与复兴项目环境整治方案

案例要点：

1. 立项批复及文物保护工程勘察设计资质；

2. 文物测绘及地下文物考古勘探发掘；

3. 研究相关内容，编制设计成果；

4. 保护与复兴方案的论证、审批。

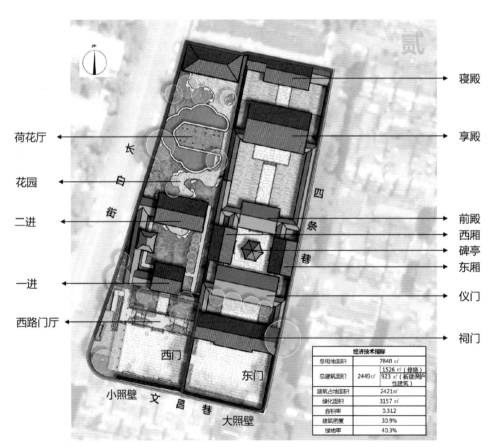

整治方案总平面图

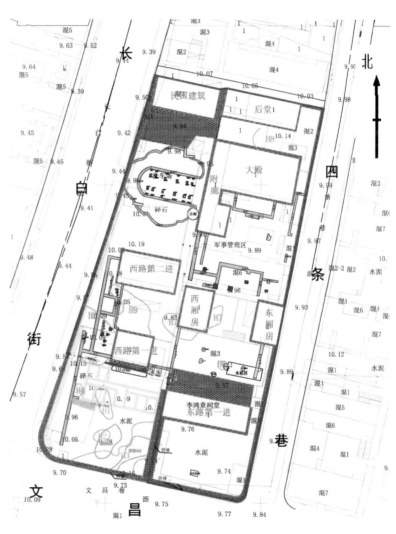

图例

——	项目地块范围	——	现存文物建筑	——	混凝土基础
——	砖墩	——	砖基	——	砖瓦堆积
——	夯土	——	灰坑	——	踩踏面
——	排水沟				

地形及考古勘探图

附八 清凉寺遗址保护及展示工程

案例要点：

1. 公园内景点应符合相应的环境条件；

2. 寺庙功能需求，规模体量的控制；

3. 考古遗址的保护与展示必须在符合文物保护相关文保要求下进行总体及建筑设计；

4. 采用"架空"形式展示遗址；

5. 相关过程（略）。

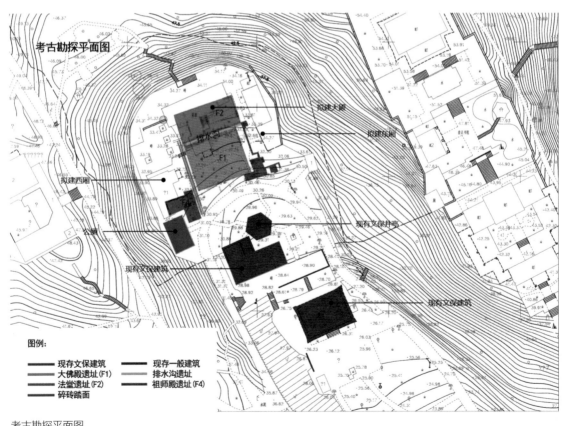

图例：
—— 现存文保建筑　　—— 现存一般建筑
—— 大佛殿遗址(F1)　　—— 排水沟遗址
—— 法堂遗址(F2)　　—— 祖师殿遗址(F4)
—— 碎砖踏面

考古勘探平面图

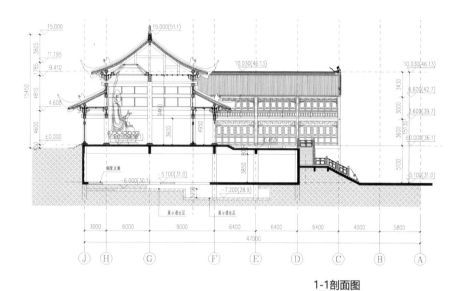

1-1剖面图

清凉寺剖面图

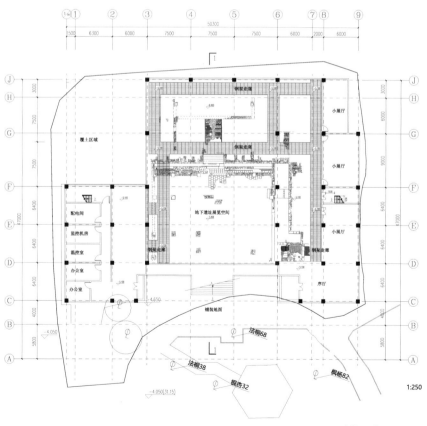

遗址展览层平面图

五、论园林更新与发展

园林更新是在城市更新大背景下推进的专项工作之一，属城市更新的范畴与内容。我国经济的发展促进了城市建设发展，城市规模也越来越大，许多城市"老旧"地块成为城市"印记"，而且还承载着城市的许多功能，这些"印记"由于当初建设标准、条件、投入等因素，配套设施、景观环境等诸多方面面临许多困难与问题，在这背景下提出开展城市更新非常及时。在城市更新中由许多相应政策与具体要求，着眼于区域整体发展，城市的整体更新是城市的综合战略计划。在城市更新中，环境更新是主要目标之一，而园林是环境中的主要内容。

城市更新对于园林来讲，不能只从提升、改善园林品质环境为着眼点，园林要做"大文章"，应搭上城市生态环境系统更新这班车，园林要从理念上、概念上抓住城市更新机遇，综合拓展相关专业，以"生态优先，美景予人"的园林指导思想为支撑，使风景园林事业得到更大发展，成为城市生态环境更新中的主力军。

"大文章"是立足根基、与时俱进、抓住机遇、紧跟政策和逐步推进，这是园林持之以恒发展的道路。当下通过系统性的城市更新，园林首先是摸清"家底"，守住"绿线"，提升园林品质，保护传统园林；其次园林绿地系统要更科学地合理调整和梳理；再次是着手改善环境、新增绿地、完善系统性。

城市园林更新，是一综合性更新，道路绿化、生态廊道、山林水体、城市公园和城市各类绿地等都是园林涉及的范围，如果只注重某一方面或只注重园林形象的更新，缺乏系统性考量，则更新难以有可持续性，违背社会发展规律。

园林更新原则应与所在城市、所在地块总体更新原则相一致，符合相关政策、法规，与城市总体规划等相一致。更新中从园林"存量""增量"属性出发，"存量"的传统古典园林，应以保护、修缮为原则；"存量"的城市公园更新应从完善功能出发，从节点入手，精磨细琢，针对"短板"提升品质为出发点；"增量"园林则从其定位、规模和功能等出发，融入更新系统。园林更新项目可归纳为保护修缮、提升品质和融入系统三类。

保护修缮类园林，一是对现有古典园林及园林遗迹、遗址的保护，其基本内容就是保护本体、修缮本体、充分调研、测绘现状和分析残物，按文物保护要求和相关条例进行保护、修缮、设计与评估，弘扬传承园林文化；二是依据更新内容，挖掘园林文化，进行园林修缮与复建等。

提升品质类园林，是从地块更新角度出发，对缺乏完整系统的、配套设施缺失的、功能有待完善的、景观零散的和不能满足地块更新要求的等出发，针对问题采取对策，确定提升内容。一般基本内容包括出入大门、游览系统、配套建筑、配套设施、绿化配植、特色亮点、管网系统、文化景点、专类园及智能系统等，更新中反对"全盘否定"不留"痕迹"式的更新，尤其大树名更是提升品质的前提与基础，必需予于保护利用。

融入系统类园林，是随地区更新而产生的园林"增量"，其园林的定位、功能、景观等应融入片区地块中，该类园林具有更加开放性、融洽性、最宜与环境"对话"，其内容设置会根据其在更新地块中的作用、功能、规模等，确立是专项专类还是综合性园林，而布置相应内容。

由于城市更新大都以城市建成区为背景，许多区域在园林用地性质上已无量可增，但附属绿地大量闲置或为专属未能成为城市公共性开放空间，随着城市更新理念的不断完善、措施的健全，强调城市开放空间的趋势成为必然，把附属绿地变为开放"公园"绿地成为可行，虽然用地的属性未变，但从城市角度却增加了实际的"公园"绿地，同时通过系统性规划设计，完善了绿地系统，必定改善城市景观和生态环境。

总之，希望城市更新带动城市园林的更新，带动城市园林系统的更新，带动园林事业的发展！

以下所附文、附图为针对城市更新涉及风景园林专项的一些内容，虽然不尽全面，也都为设计意向草图，但从中也反映了风景园林的更新过程，以实际案例充实本章节。

附一 对"公园城市"的初步认识

"公园城市"是人们对美好生活的期望，是提高城市环境质量的标志，是优美生活环境的体现。"公园城市"的第一个标志是绿地量，所以要实现"公园城市"最大的矛盾是用地，在城市中应有较大的、相对系统的园林用地，其他任何的"场景"等都是后面研究的，没有地，后面的研究都是"墙上挂挂，纸上画画"。

"公园城市"的用地指标在哪？如何推广？"公园城市"是否具有广泛性？什么样的城市可成为"公园城市"？应先有个评估办法与较详细的指标体系，这些应实事求是地制定。中国风景园林学会2020年会中有关"公园城市"的报告已很全面，也很精彩，如街区绿地的微改等。"公园城市"是一城市建设大系统，感觉我们"专业人"想了很多，但都落不了地。所以首先要敬畏自然条件，把经济规律纳入环境建设与保护范畴，我们现在介绍的内容全是在现状"布料"上翻来覆去，未及本质。"公园"在决策人眼中就是"好"环境，要提高人民的生活质量，就要使人生活在公园中，公园要走向精致化。针对当下对生态、生存环境的要求和对文化传承要求，对公园提出了更高的要求。报告在如何提高绿地质量上做了很多思考，建立了"公园城市"的理论体系，但好像还是缺少相关科学指标，提供的案例也很优美。有了"公园城市"目标，规划就有了方向，有了指标才能支撑发展方向，"公园城市"对绿地的基本形态要求应是"以块为核，以点成面，以线相连，区域相融，品质精美"。

目前风景园林在城市中面临被"融化"的局面，从机构上就开始"精简""融合"，使本已初具规模的"园林"职能部门消减在城市管理体系中，专业职能越来越狭隘，导致社会上都认为园林就是种树、种花、除草，谁都能讲上两句，城市环境、城市格局与风景园林无关。讲到碳达峰、碳中和就认为这是钢厂、电厂的事，殊不知地球目前的环境是怎样形成的，若没有植物地球也许还是个"碳球"，是植物改变了地球环境，也只有植物才能维持人类赖以生存的地球环境。

"公园城市"的概念解析，首先是城市要有足够合理的植物生长环境，二是具有"公园"性质的绿地空间系统，三是创造优美艺术的生态环境。这样，城市的"硬质"与"软质"融合、建设与保护融合、美丽与生态融合，形成健康可持续的人与自然融合和谐关系。

附二　城市更新咨询意见

　　有关城乡建设系统优秀勘察设计评选，江苏省建设厅咨询我：为了做好引导，把握高品质发展，建筑方面增加了"城市更新"一类等，园林绿化根据形势应有什么变化?

　　目前江苏省的评优是"园林绿化工程设计与规划"，在类别上为"园林绿化工程设计和园林绿化规划"，其中"园林绿化规划"在市级未做评选，在上报时也只有东大和省规院，该类单位不参与市评，直报省，规划类报项很少，其实该类在各地方设计院中也占一定数量，对此也应可直报省。

　　当下园林绿化事业与时俱进得到很大发展，但社会地位、行业地位却与其不相称，尤其园林规划设计在专业上还很混沌，加强规划设计的引领性才能谈到质量，才能提升品质。"生态优先"是国家发展的基本国策，园林绿化工程设计也越来越走向综合性，而不再是限定在传统意义上的种树造景，园林绿化工程应把生态修复工程纳入其涉及范围，也只有多从园林绿化因地制宜的理念出发开展生态修复才是正确的修复方向。生态修复涉及的山体、河流、湿地、植被和棕地等往往也都由园林绿化景观最后"守门"把关，所有的工作都是围绕"生态优先为本，美景存世予人"的思想。把生态修复工程设计纳入园林绿化工程设计才能先人一步占据行业高地，拓展相关专业，体现园林绿化的社会价值和引领性，完成历史赋予的使命。

附三 "连云港云台山风景名胜区花果山景区详细规划评审会"印记

2020年12月6日我应邀参加"连云港云台山风景名胜区花果山景区详细规划评审会"。花果山为连云港市云台山风景区中的核心景区，面积达75 km²，江苏省界内海拔达624.4 m的最高峰玉女峰位于其中，景区因明代吴承恩所著"西游记"而名闻内外。花果山远远看去山峦相叠，犹如连绵的屏障。进入景区，山脚村落高低错落，入山则道路崎岖盘旋坡陡，山景以"石"为长，面层石呈块状，有大有小，形态各异，颜色多变，体现了大自然的鬼斧神工。作为传统景区，历史给它留下了无数人文痕迹，这里与其他景区一样，有禅宗庙宇、有山涧沟溪、有古树名木、有奇峰怪石、有……可以讲这里没有"大圣"依然是不可多得的自然风貌游赏地。

从景区现状来看，景区自然风貌总体保护较好，未见明显开山采石、采矿痕迹，也许山体坡陡限制了在山上的规模性建设活动，山体林被约占七成，以落叶树为主，景区除山脚下的"大圣湖"外无"大"水体，景区基础设施完备，交通游线通达，不愧为著名旅游景区。

在"生态优先为本，美景存世予人"的风景园林建设方针指导下，进一步保护景区的生态环境，提升景区的游赏品质，是风景区不断探索的"终生"课题。从"花果山"景区现状分析：其景致成"发散"状，好像什么都有，又好像什么都"没有"，也就是有"亮点"，但缺乏"引爆点"。如何使"亮点"成为"引爆点"也许是提升游赏品质、提高知名度的"捷径"之路。以那个"亮点"为本，打造成"引爆点"要有大"眼光"、更宏观的出发点。多年来，景区自身的自然与人文资源已得到合理充分利用，但围绕景区自身的自然与人文资源"炒来炒去"总是感到难有作为，落入"绝地"，好像景区无法得到本质提升，这是面临的现实问题。确实花果山缺乏像黄山、张家界、泰山那样的独特禀赋，但其也有优势，花果山毕竟是国家重点风景名胜区、国家五A级旅游区，是江苏东北部重要景区，其景区范围大、环境多样，适合不同类型的风景营造。连云港为新亚欧大陆桥东方桥头堡（连云港—鹿特丹），既是国家"一路一带"战略起点之一，又是全球丝路文化旅游的合作平台，也许可串联起来做些文章。"耐住寂寞，深耕梳理"也许只是当前之举，等待契机谋划风景区的更高品质才是最终目的。

附四 马鞍山市城市园林绿化建议

应马鞍山市城管局邀请，对该城市的园林绿化状况做了一些调研，并因此约稿。

1. 城市园林绿化简析

马鞍山市是皖江经济带的核心城市之一，城市基础完备，城市绿地率高，为国家森林城市，城中公园、滨江绿带、风景名胜等各类风景林地构成了城市园林绿化基调。马鞍山市通过干道、滨水等绿化带使城市绿地系统有机契合，随着高铁、轻轨等建设和沿江生态保护，显现出建设城市园林绿地的巨大潜力，马鞍山市是生态园林型和公园城市型城市。

马鞍山城市园林绿化景观最大特点是植物的多样与绿量的丰满，不管是道路绿化还是公园绿化，植物"满植"，种类"丰富"，这些为提升城市园林绿化的生态性与美观性打下了坚实的基础。作为城市园林绿化景观有城市的要求与特点，不同的场合环境应有相应的"思考与手法"，即"因地制宜、适地适景"，单一体现在某一方面则会显得单调。目前我们的"树多""量大"就显现出"杂乱"与"拥堵"的诟病。城市园林绿化的另一个特点是养护，"树多""量大"也意味着养护管理的工作量更大，精细化要求更高，投入也会更多。探讨城市园林绿化的节约性，采取相应的措施才能确保城市园林绿化的可持续性。

2. 提升城市园林绿化的基本思路

针对马鞍山市城市园林绿化现状，在提升城市园林绿化景观中应以"统筹全域、坚持特色、主次分明、持续有效"为原则。

统筹全域：要有大目标，把城市绿地"占好"，系统化、"绿线"化，巩固园林绿地的结构，把好山、好水、好林、好地用好。

坚持特色：针对马鞍山城市绿化植物多样性的特点，进一步科学地彰显，由粗到精，梳理整体特色中的特色。

主次分明：任何城市的布局都有主次，园林绿化应结合城市重点区域、节点以及园林绿化潜力好的地方突出营造，以"事半功倍"的效率提升城市园林绿化景观。

持续有效：我们现在做的工作要有利于城市园林绿化的可持续性发展，要以"绿色""节约"为方向，以生态优先、美景予人为方向。

在此原则下制定系统规划和各类园林绿地的设施导则，从而进一步落实项目实施方案。

3."四合一"计划

"四合一"为马鞍山市近三年有关园林绿化治理完善的计划，主要是"琐碎杂项"，涉及公园基础设施、城市景观廊道、城市道路景观、城市游园和灾后修复工程等，投入资金达 1.0757 亿元，这些项目虽然"琐碎"，但"有里有面"，对城市园林绿化的整体影响不大，但把握好方向还是非常重要，必须把有限的城建经费"一劳永逸"地使用好。

一是先把园林道路、公厕、栏杆、座凳、水电等基础设施做好。目前在园林道路修缮中常结合"绿道"进行系统建设，拓展游憩内容，并注重废弃物的再利用，单一的日常修补只是维护，不能提升园林面貌。在公厕建设上标准越来越高，设施越来越全，拟选几处按"高星"要求修建改建；栏杆座凳以牢固、安全、舒适和美观为原则；水电设施的智能化是建设方向等；创新的设计会带来新颖的效果。

二是更换、梳理树木。针对马鞍山市绿化配植特点，植物的多样性、本土性要坚持，大树名木要保护，不得成片、成量地砍伐、更换树木，除去的是不适生长的、长势不佳、影响市容的和有害的植物，少用人工修剪的球形灌木，人工修剪也应灌木成丛，由高到低无脱脚，在下层灌木地被上可丰富品种增加观赏内容。

三是适量添置景亭等园林小品。园林小品类建筑是景观与文化的点缀，功能性的建筑应统一规划、系统布置。

另涉及安全的项目要尽快到位，以绝隐患。

4."窗口"地段，城市节点

这些往往是最"快"反映城市面貌的地方，要有创新思维去精心设计。

5."四合一"项目建议

（1）太白大道

全线绿化较为郁闭，建议局部打开中层绿化空间，增强通透性和节奏感。

中层品种繁多，建议去除长势较差的中层树种，同时清理岛头部分的绿篱，配置开敞的精致岛头。

杨梅自然组团树形优美，特色鲜明，建议以杨梅作为特色主题进行强化凸显。

（2）九华西路

侧分带银杏长势较差，建议去除或更换。

（3）湖东路

雪松和广玉兰长势优越，特色突出，建议以此为特色主题加以凸显。

整形绿篱面积较大，拼接形式单调，建议增加线条分隔，增强设计感。

（4）雨山湖公园

建议将现状卫生间原址扩建，结合现有香樟林因地制宜、分散组合，增加休息连廊、管理室等。

建议将现状儿童沙坑改造提升，增加儿童活动器械，完善沙坑边缘的细部防护处理，加强安全性和多功能性。

儿童沙坑至湖南西路滨湖段，局部增加色叶树种，丰富滨湖林带的色彩层次。

附五 某绿化生产基地更新

　　该地块原为绿化生产专属基地，改造更新中利用原有设施与格局，完善系统，调整地形，增加游憩功能，其特点为投入少，抓住重点，改善提升了面貌，成为"生产"性的游憩观赏园。

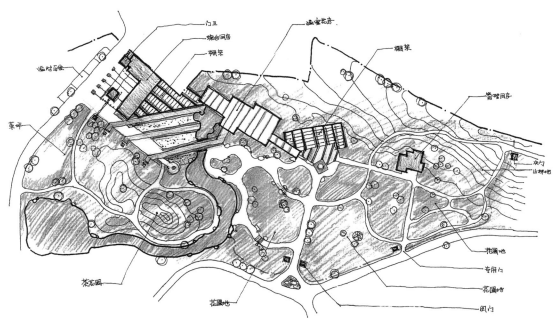

某绿化生产基地更新设计方案草图

附六 南京绣球公园南门环境改造方案

公园南门东靠古城墙，改造中必须从保护古城墙角度出发，依据现状条件从功能上整合景观各要素，更新设计中提升了改造节点景观，完善了内容。

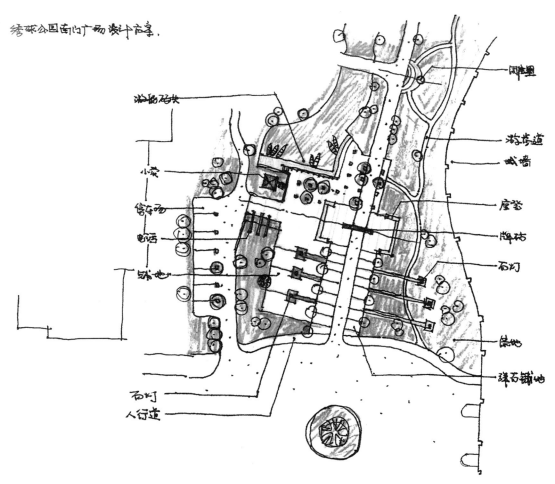

南京绣球公园南门环境改造方案草图

附七 南京鼓楼东广场更新设计方案

根据功能上的改变，完善广场空间，保持其公共开放性和景观的简洁性，增加了景观要素的文化性，突出保持了"城市的守望，百姓的客厅"理念。

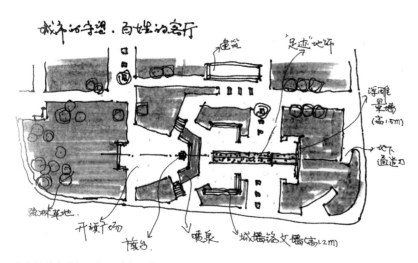

南京鼓楼东广场更新设计方案草图

附八 某城市干道一侧的街景设计

现有地带缺乏配套的景观内容，通过更新梳理了空间系统，增添了景观内容，整体上构图协调、完整，相互"照应"。

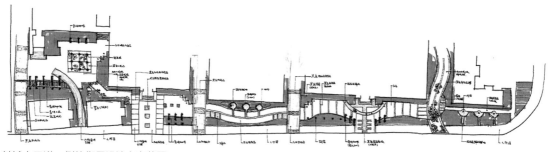

某城市干道一侧的街景设计方案草图

附九 南京锦绣苑街心公园更新设计方案

　　"街心公园"现又称"口袋公园""街区公园"，是居民最为便捷的活动场地，具有分布广、数量多的特点。南京锦绣苑街心公园更新方案设计非常简洁，其构图完整，注重细节，活动、休憩的硬质场地与绿地布局清晰，满足了功能需求。

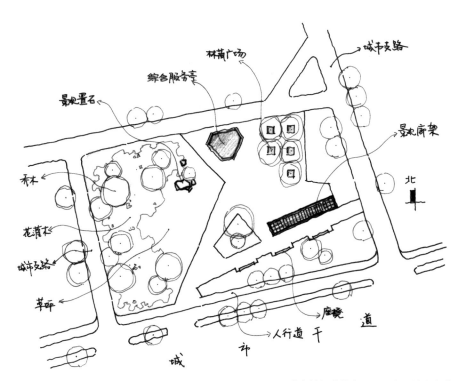

南京锦绣苑街心公园更新设计方案草图

附十 南京高淳某市民广场更新设计方案

　　该地块原为待开发建设用地，设置了道路、绿化临时性"景观"内容，经设计后建成市民广场型景观游园，使得开发地变为永久的园林游憩地，在改善城市生态环境中起到了一定的示范作用。设计构图以弧线为特色，总体协调，市民"客厅"性强，成为户外游憩观赏的园林景观场地。

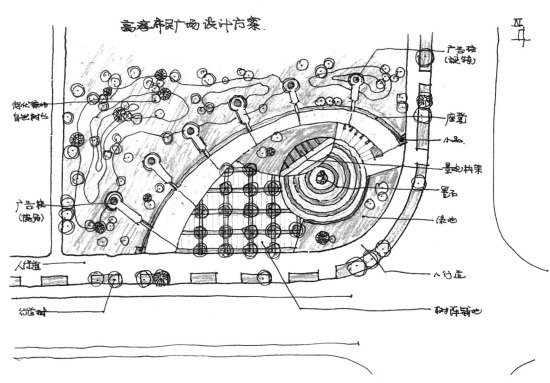

南京高淳某市民广场更新设计方案草图

附十一 某临湖景观节点设计方案

　　该园林景观节点的更新围绕现有临水平台进行改造，打破驳岸的单一，增加了亲水景观，增添了园林小品等，丰富了景观空间。

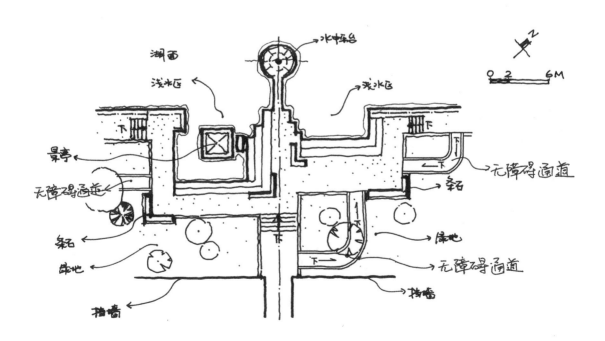

某临湖节点设计方案草图

附十二 某街角绿地设计方案

　　该街角现状绿化景观杂乱，布置随意，缺乏景观美感。诸如此类项目在园林景观更新中处处可见。选该设计方案为例，主要是体现"小绿地"也要有"设计感"。

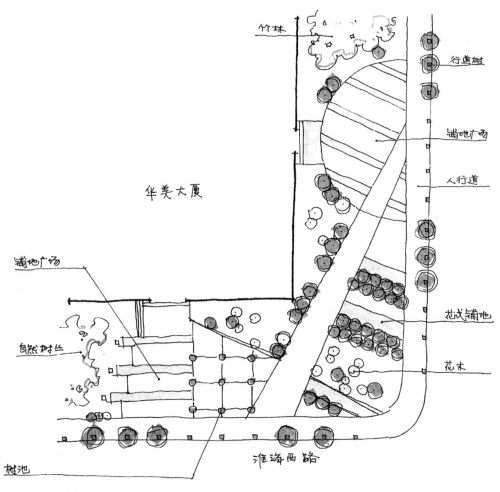

竹林　行道树　铺地广场　人行道　花或铺地　花木

华美大厦

铺地广场

自然树丛

树池　　淮海西路

某街角绿地设计方案草图

附十三 南京高淳固城湖 "春天里" 景点更新设计

　　该景点原为以临湖建筑为主体的水湾景观，区位节点优势突出，但建筑始终得不到充分使用，且从目前发展认识上看，建筑不符合环境要求。对此在原基础上进行更新治理，形成了开敞景观空间，提升了环境质量。

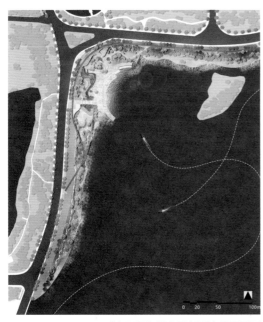

"春天里" 景点更新设计总平面图

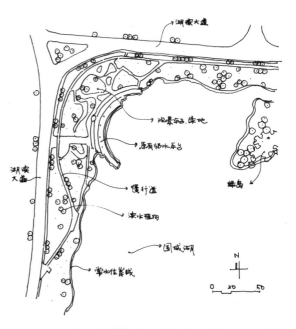

南京高淳固城湖 "春天里" 景点更新设计方案草图

附十四 高淳宁高高速公路双峰石交通绿岛更新改造设计方案

该交通绿岛在道路建成使用后，由于设计上的缺陷，常造成由高速公路上行驶至该处的车辆"撞岛"。改造中根据车辆行驶特点，设计以"太极"图形为构图概念，解决了"撞岛"问题，景观得到了提升。随着道路建设的推进，该处又成了"立交枢纽"，再次更新中依托相对单一的景观要素，突出"界石"典故传说文化，构成简洁寓意性强的景观。从"交通岛"的更新既可看出城市建设进程，又可看出景观更新的进程。

在城市更新中，园林景观同样是提升、完善的过程，也是体现行业发展的过程，今后城市建设也大都围绕"存量"开展工作。

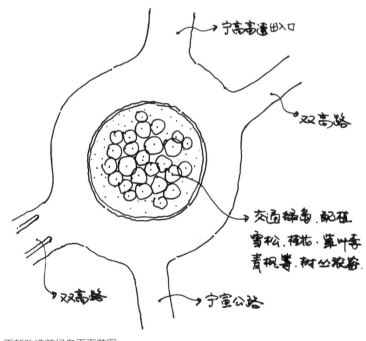

更新改造前绿岛平面草图

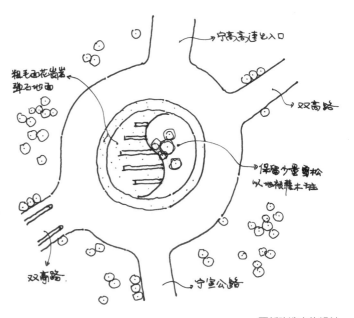

更新改造实施设计

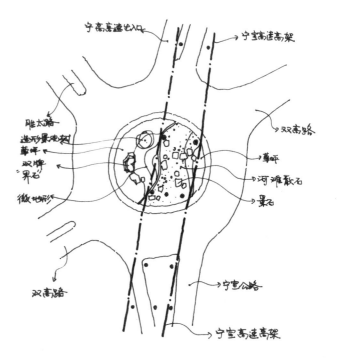

更新改造实施设计方案

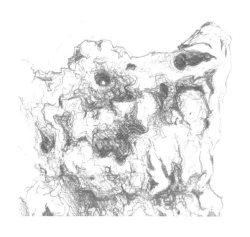

六、论园林建筑与小品

中国园林建筑最早可以追溯到商周时代囿、苑中的台榭。园林建筑最基本的特点就是同自然的融洽和谐。

什么是园林建筑？亭、台、楼、阁，就是传统意义上的园林建筑，如从专业角度去细分，还有轩、廊、塔、厅、堂、榭、枋、架等。时至今日园林建筑在使用功能、服务对象等方面发生了根本性变化，其可泛指在园林及相关景区环境中的建筑，如园林中的街区、民宿、会馆等。有关园林建筑与小品的著书众多，明代计成造园专著《园冶》就对园林建筑及要素进行了精辟论述与总结，其中"立基""屋宇""装折""门窗""墙垣""铺地"六个章节，罗列解读了当时传统园林中园林建筑及附属工程的设计、施工做法，在内容上虽然无法与早期北宋的"营造法式"相比，却清晰了传统园林建筑的基本内容。

社会的发展和进步促进了园林事业的发展，园林学科的建立使"园林"体系更趋完善。建筑作为园林中的主体，虽然有关著书论文、设计成果等非常多，但提高园林从业者对园林建筑及小品的认识，提高园林从业者对园林建筑及小品的设计、施工水平及专业素养等，始终还有很多要做的工作。

中国传统园林就是以建筑为主体进行围合、分隔、布景形成院落，形成宅园，园林往往围绕建筑进行总体布局与配景，山石、水体体现了园林的韵味，牌匾、盈联体现了园林的意境。

现代园林中园林建筑除强调公共性的空间与功能外，造景仍然是主要方面，其往往成为景观中心、园林构图中心和提供景点观景作用，并具有提供室内休憩、布展、演出等活动空间作用，和培养花木及提供小卖、售票、就餐、管理、应急各类服务功能等。

在各类园林绿地中，如无特殊要求建筑占地面积占比一般在5%左右，在《公园设计规范》中，各类园林绿地中的建筑占比有详细的规范要求。园林建筑设计的方法与技巧主要表现在选址、体量、风格、形态、材料和文化意境等方面。

园林建筑的选址强调"巧于因借""随基势高下，体形之端正""宜亭斯亭，宜榭斯榭"；也就是与环境充分结合，力求与基地的地形、地貌能够融合成景与得景，因地制宜地做到总体布局上依形就势、巧借山水、远隐如画。

园林建筑的体量应与环境相称、尺度得体、宜敛不张、与造型风格相称，空间处理上力求活泼、富于变化、组织有序，可聚可分、可围可透，步移景异、宛自天开，能够引导景观游线。

园林建筑的风格虽因地域、人文、时代的不同形成南与北、传统与现代的不同风格，有着各自的特点，但共性都是与自然景观融洽和谐，取得风格、特色上的协调。

园林建筑材料丰富多样，传统以石、木、砖为主，现代工艺技术为园林建筑提供了混凝土、金属、玻璃等诸多材料，尽管如此，推广"生态性""绿色性"材料是园林建筑的发展趋势。

园林建筑的文化意境给了建筑生命，有了文化意境，建筑就得到"永生"，文化传承在园林中就是意境的传承。

总之，园林建筑作为主要的园林景观要素，应与周围的山水、岩石、树木等环境要素融为一体，共同构成优美景色。

园林中的辅助设施，如指示标牌、休憩座凳、挡墙隔断、石刻雕塑、照明灯具、景石假山、喷泉水池、小桥汀步、栏杆围墙、垃圾箱体、洗饮水池、活动设施、花坛花箱、公共通讯设施等，可归为园林小品，园林小品可看成是园林建筑的延展部分，其表现"艺术化"，施工"土建化"，其特点是体量小巧、艺术性强，对装扮园林环境、加强园林的表现力，给予游览者美的享受有着重要作用，这些不仅与游人息息相关，而且具有景观上、功能上的特别要求。

园林小品的设计制作应依据以下原则：

功能出发：任何园林小品都具有其功能性，满足功能需求是出发点；其次园林小品应符合规范标准，使用安全、舒适、可靠，符合人体工程学，小品应有整体系统性，不应杂乱无章。

立意明确：也就是小品具有的内涵、意境和情趣。同一功能的小品可有多种立意，立意不同表现不同，立意确定了小品的设计方向。

形态巧特：小品的设计制作应巧构思、有特点、有创新，给人以印象深刻之感，具有丰富的艺术感染力。

融于环境：小品应能融于环境中，不论是协调，还是对比，都能在环境中显得雅致、体宜，并起到组织序列空间的作用，成为景观视觉的焦点或中心。

制作可行：小品的设计与制作应从材料、工艺的可行角度出发，注重生态型材料的使用，成品小品还应具有管护维修方便的要求，并具有一定的耐久性。

由于园林小品的种类繁多，在园林建设中常以"样板"成品购置，这些成品是作为"产品"推向市场的，而园林景观中追求的是特色，要的是符合环境的创意作品，大量"产品"布于园林环境中，反而破坏了雅致的园林氛围。园林设计师应关注园林小品，培养园林小品设计能力与小品艺术鉴赏能力，消除这种"无奈"的局面。

园林离不开建筑与小品，建筑与小品的设计能力是体现设计师能力的重要方面，要在园林设计的道路上走得更远，就必须具备这一能力。

本篇所选取的设计局部图纸均为实践指导设计的草图，通过这些草图使阅者能了解园林设计的方方面面，想在这方面有所建树，必须不断加强基本功训练，在宏观上把握方向，细节上能深入描绘。

1. 传统意义的"亭、台、楼、阁"

传统意义的"亭、台、楼、阁"可归纳为牌坊、门、亭、轩、堂、榭、廊等，该部分应该是园林设计者起手的基本功。传统园林的设计无非是将这些建筑结合山水骨架组合而成，当然组成的效果如何则体现了设计能力。

附一 牌坊

牌坊常用于公园、景区等入口，作为标志性建筑。

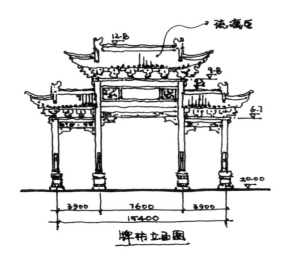

牌坊立面图

附二 第十二届中国（南宁）国际园林博览会"南京园"入口"窗梦江南"门轩设计草图

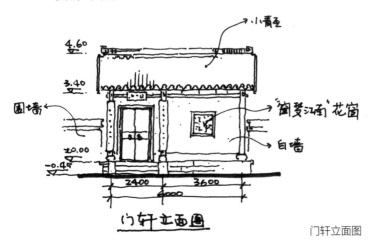

门轩立面图

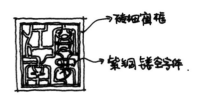

"窗梦江南"花窗大样图

附三 某专类园大门设计草图（一）

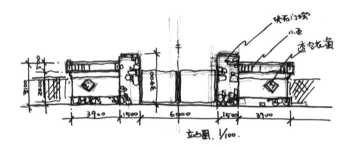

大门立面设计草图

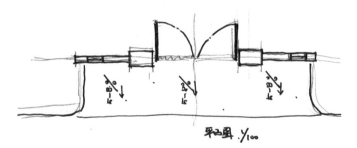

大门平面设计草图

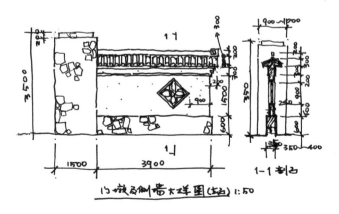

门墩及侧墙大样图

附四 某专类园大门设计草图（二）

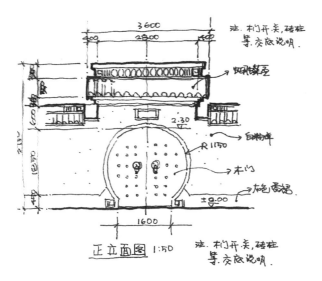

园门一正立面图

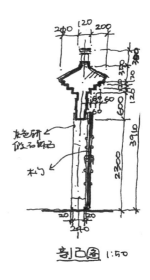

园门一剖面图

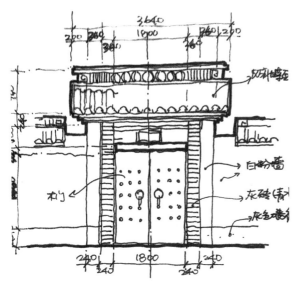

园门二正立面图

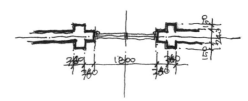

园门二平面图

附五 "南式""北式"方亭草图

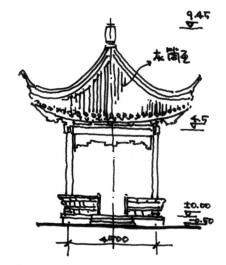

"南式"方亭立面图

"北式"方亭立面图

附六 "碑亭"草图

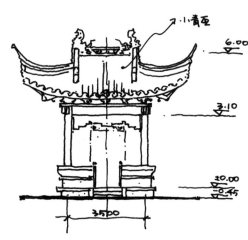

"碑亭"立面图

附七 "重檐亭"草图

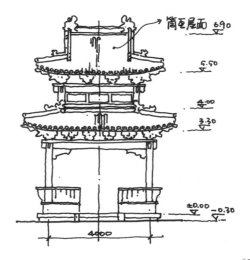

"重檐亭"立面图

附八 "榭"草图

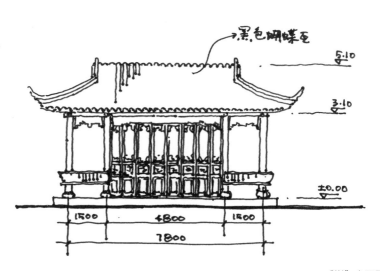

"榭"立面图

附九 "廊"草图

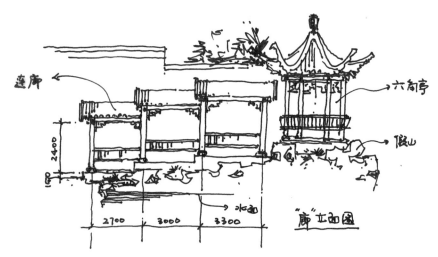

"廊"立面图

附十 "堂"草图

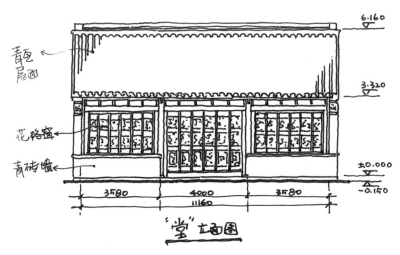

"堂"立面图

2.现代园林建筑

现代园林建筑通常包括门、亭、廊、园桥及功能性服务建筑，该部分具有较强的创意性，创作空间很大。"现代"园林建筑具有简洁明快的形体与色彩特点，无法式拘束，注重线面结合，对环境的呼应更强。

附十一 某公园大门设计方案草图（一）

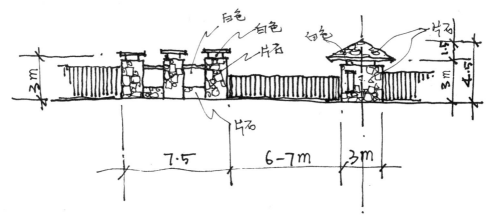

大门设计方案草图立面图

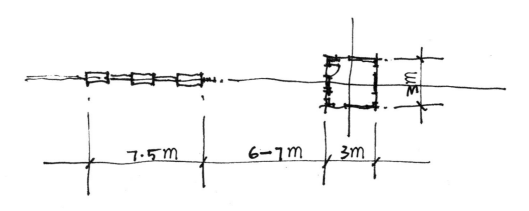

大门设计方案草图平面图

附十二 某公园大门设计方案草图（二）

大门设计方案草图立面图

附十三 某公园大门设计方案草图（三）

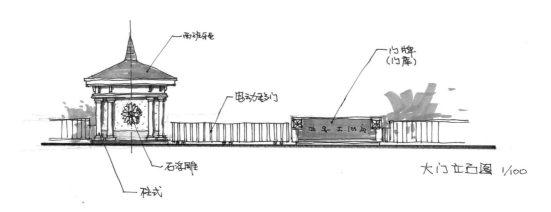

大门设计方案草图立面图

附十四　某公园大门设计方案草图（四）

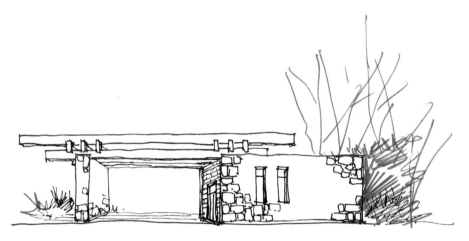

大门设计方案草图立面图

附十五　公园入口及服务建筑设计（一）

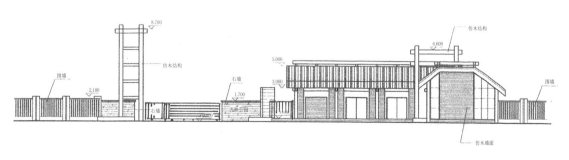

服务建筑入口立面图

附十六 公园入口及服务建筑设计（二）

服务建筑入口设计草图

附十七 方亭（一）草图

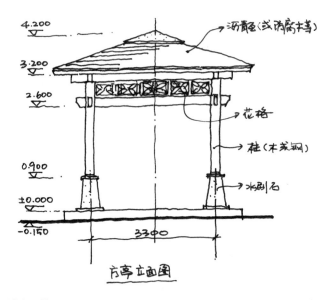

方亭设计立面草图

附十八 方亭（二）设计立面及细部做法（详图）草图

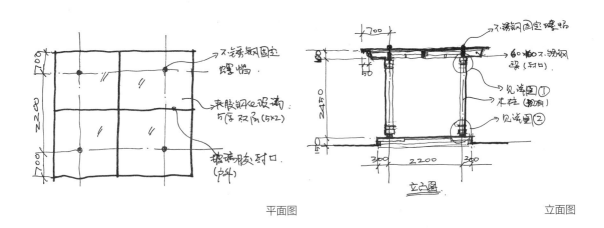

平面图   立面图

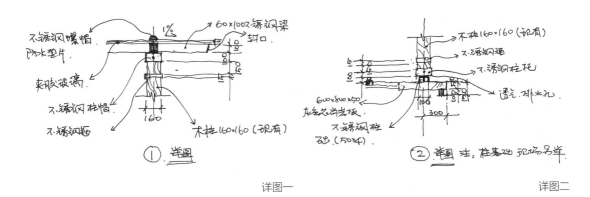

详图一   详图二

方亭设计草图

附十九 圆形草亭设计草图

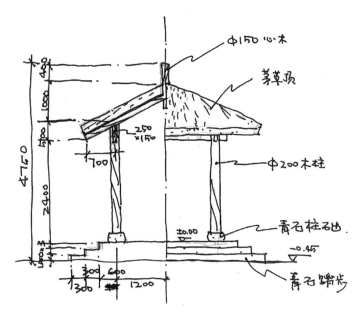

圆形草亭立面设计草图

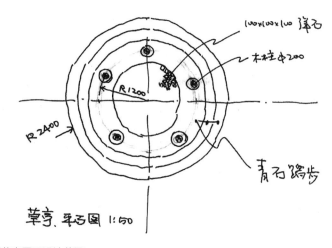

圆形草亭平面设计草图

附二十　亭架设计草图

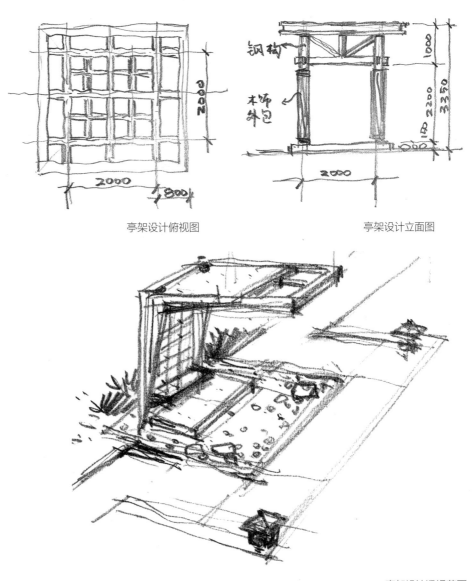

亭架设计俯视图　　　　　　　　　　亭架设计立面图

亭架设计透视草图

附二十一 廊架设计草图

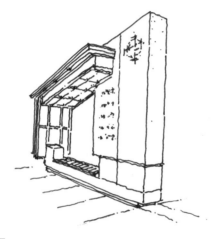

廊架设计草图

附二十二 游船码头设计草图

游船码头设计草图

附二十三 某滨水服务建筑设计草图

滨水服务建筑设计立面草图

附二十四 某景区园桥设计草图（一）

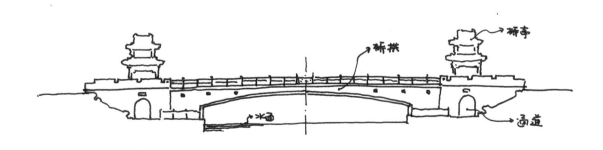

园桥设计立面草图

附二十五 某景区园桥设计草图（二）

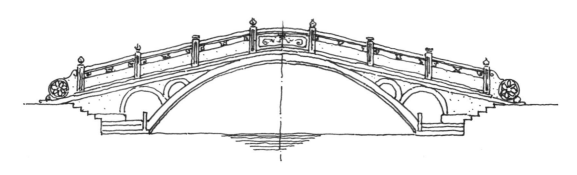

园桥设计立面草图

附二十六 某景区园桥设计草图（三）

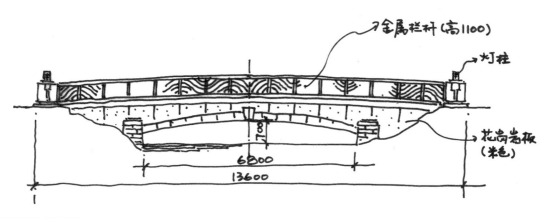

园桥设计立面草图

附二十七 某景区园桥设计草图（四）

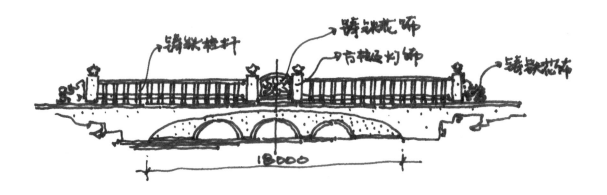

园桥设计立面草图

附二十八 某景区园桥设计草图（五）

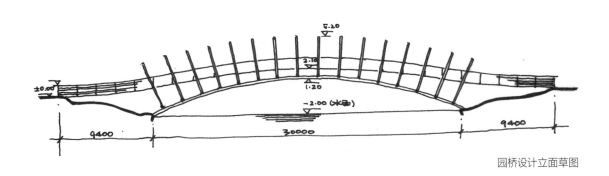

园桥设计立面草图

附二十九 某景区园桥设计草图（六）

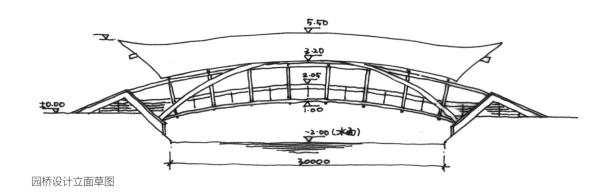

园桥设计立面草图

3. 园林小品

园林小品由标牌、挡墙、座凳、花坛、铺地、假山、灯具、围墙、栏杆、景窗等组成，这些是园林要素的重要组成部分，虽然琐碎，但只要做好，会使园林景观更加精彩有趣味。

附三十 某传统园林围墙设计方案草图

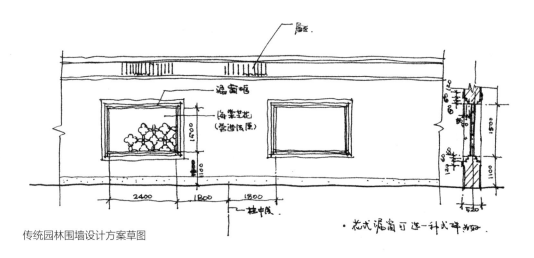

传统园林围墙设计方案草图

附三十一　某公园围墙设计方案草图

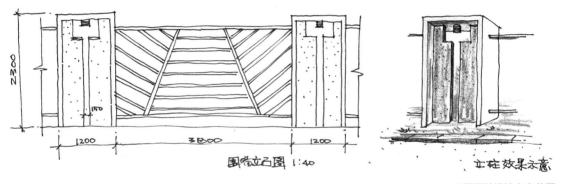

围墙立面图 1:40

立柱效果示意

公园围墙设计方案草图

附三十二　透空栏杆或围墙设计方案草图（一）

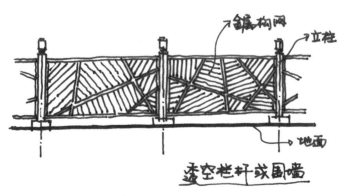

镀锌钢网

立柱

地面

透空栏杆或围墙

透空栏杆或围墙设计方案草图

附三十三 透空栏杆或围墙设计方案草图（二）

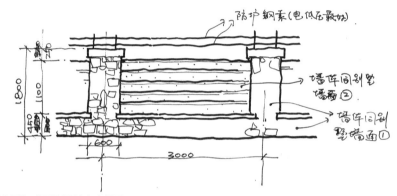

透空栏杆或围墙设计方案草图

附三十四 景观挡土墙设计草图（一）

（1）景观挡土墙设计

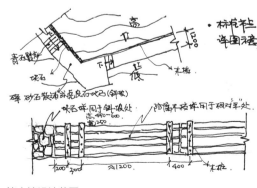

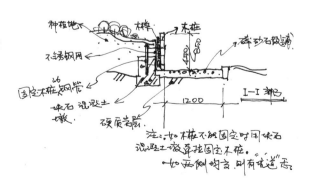

挡土墙设计草图

（2）景观挡土墙设计平面图

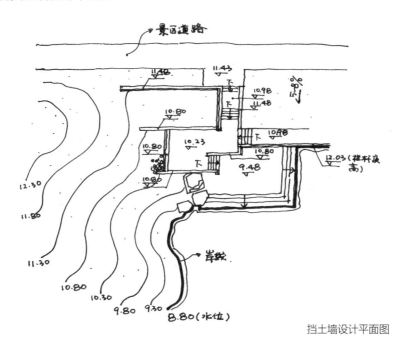

挡土墙设计平面图

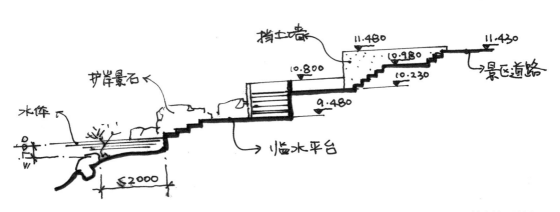

挡土墙设计剖面图

附三十五 景观挡土墙设计草图（二）

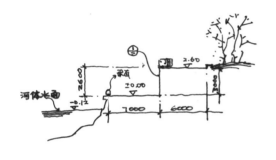

挡土墙河道剖面图

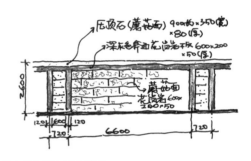

挡土墙饰面立面大样图

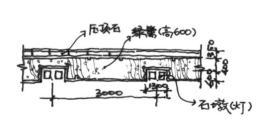

挡土墙平面图

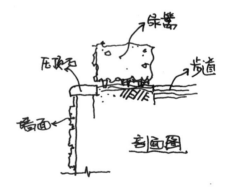

挡土墙剖面图

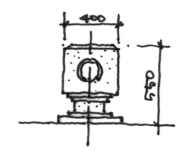

石墩（灯）大样图

附三十六 景观挡土墙设计草图（三）

（1）块石挡墙

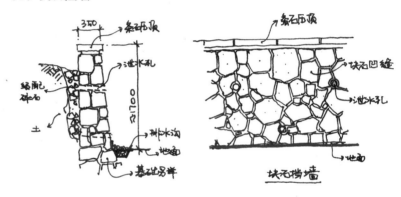

（2）砖砌挡墙

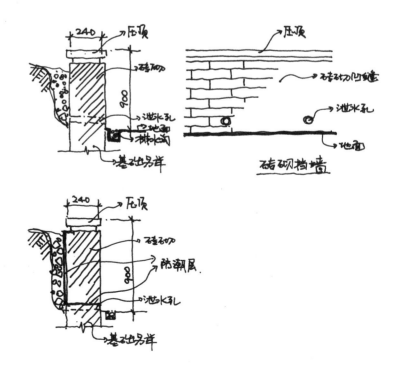

（3）金属板材挡墙

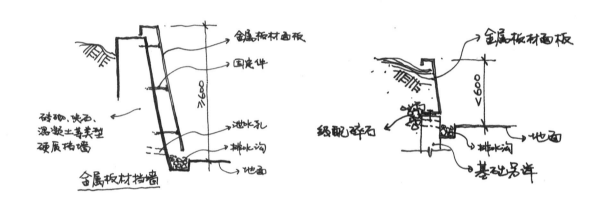

（4）木桩挡墙

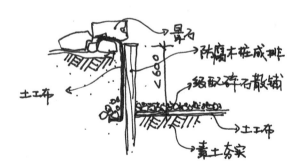

附三十七 水体驳岸基本做法

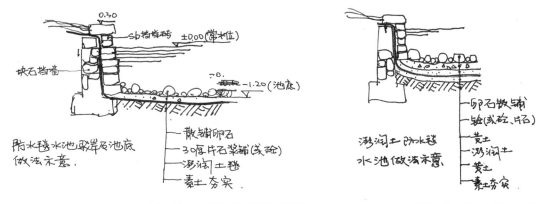

防水毯水池驳岸及池底做法示意图

膨润土防水毯水池做法示意图

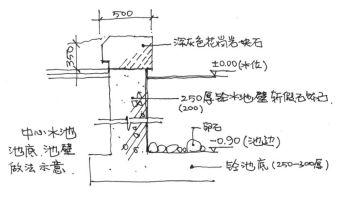

中心水池池底、池壁做法示意图

附三十八 园林铺地

1.园路

园路因功能、材料、坡度、景观等要求而进行设计选择，形式多种多样。

（1）块石园路平面示意图

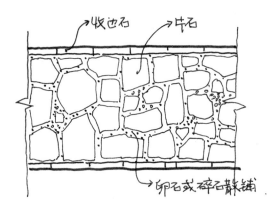

- 收边石
- 牛石
- 卵石或碎石嵌铺

· 用于平缓路面或广场.

· 用于具排水和步道功能合一的路面.

（2）碎石、砂石园路平面示意图

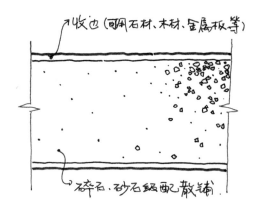

- 收边（可用石材、木材、金属板等）
- 碎石、砂石级配散铺

· 用于透水步道,平缓路面.

· 散石选配多样化,形成丰富景观.

（3）水泥园路平面示意图

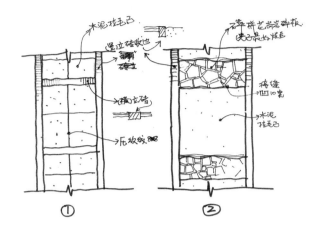

（4）木桩园路平面示意图

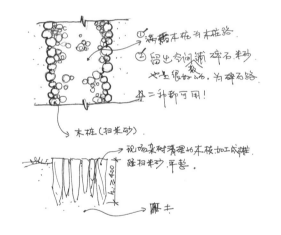

（5）花岗岩板材园路平面示意图

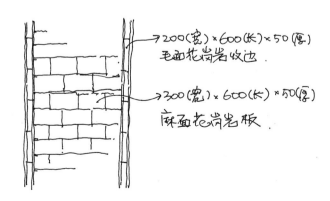

2. 铺地

铺地的整体性、分隔线的多样性、尺度、比例以及排水坡度为园林广场铺地的要点。

（1）青条石铺地平面示意图

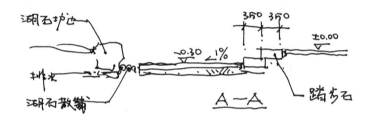

剖面设计草图

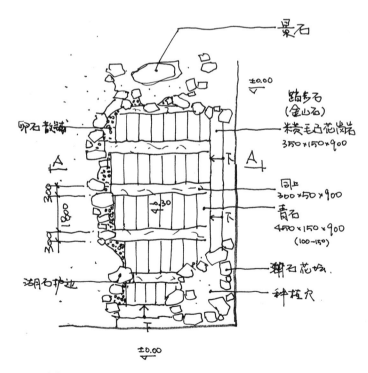

平面设计草图

（2）冰纹铺地平面示意图

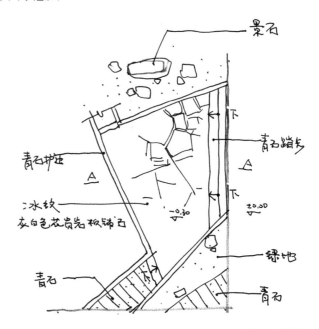

景石

青石护坡

冰纹
灰白色花岗岩板铺石

青石

青石踏步

绿地

青石

平面设计草图

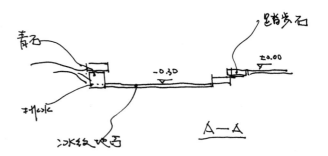

青石

踏步石

排水

冰纹地石

A—A

剖面设计草图

（3）旱喷涌泉铺地平面示意图

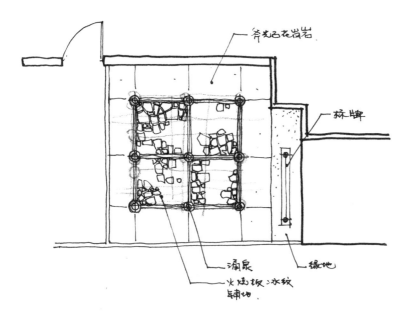

（4）组合式铺地平面示意图

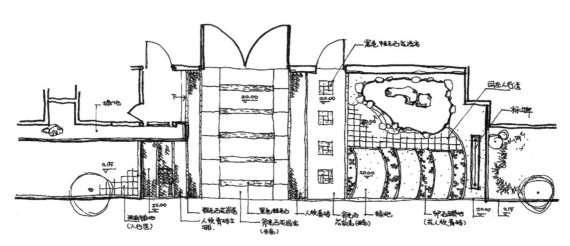

（5）广场铺地平面示意图

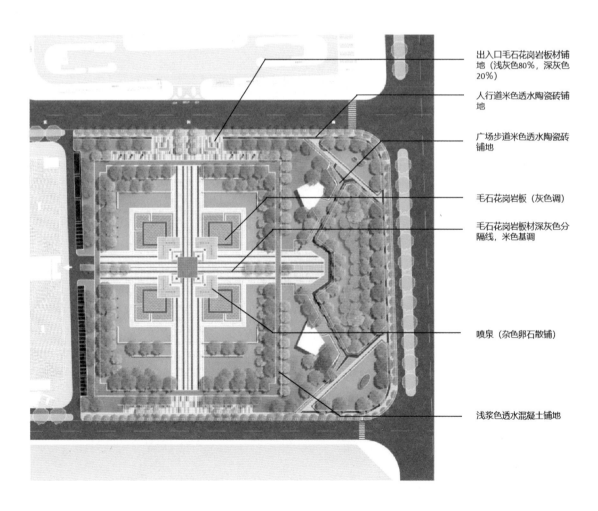

出入口毛石花岗岩板材铺地（浅灰色80%，深灰色20%）

人行道米色透水陶瓷砖铺地

广场步道米色透水陶瓷砖铺地

毛石花岗岩板（灰色调）

毛石花岗岩板材深灰色分隔线，米色基调

喷泉（杂色卵石散铺）

浅浆色透水混凝土铺地

附三十九 园林假山

（1）景石

园林景石立面图

方案一（景石在左侧）

方案二（景石在右侧）

（2）山石"盆景"

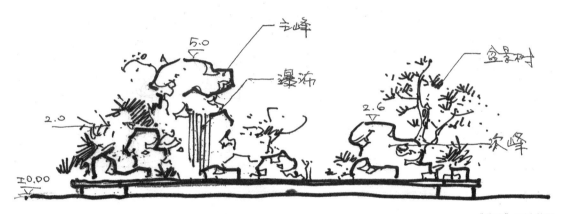

"盆景"设计草图

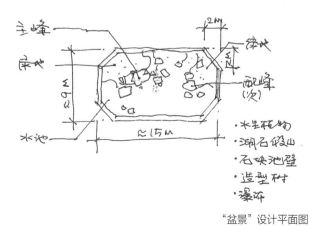

"盆景"设计平面图

（3）石峰瀑布

石峰瀑布示意图

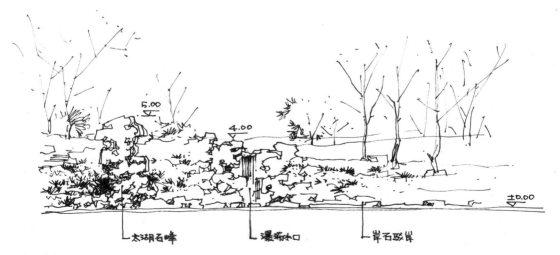

石峰瀑布立面图

附四十 其他园林小品

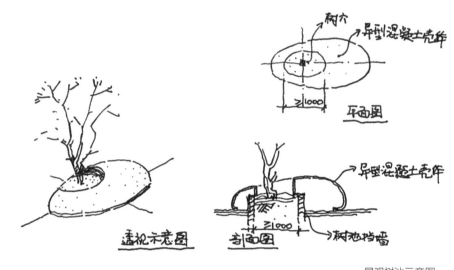

景观树池示意图一

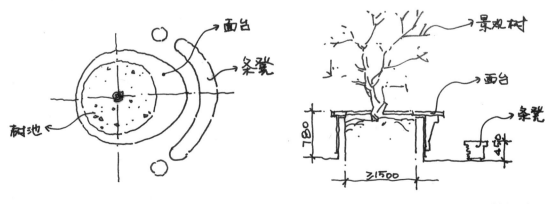

景观树池示意图二

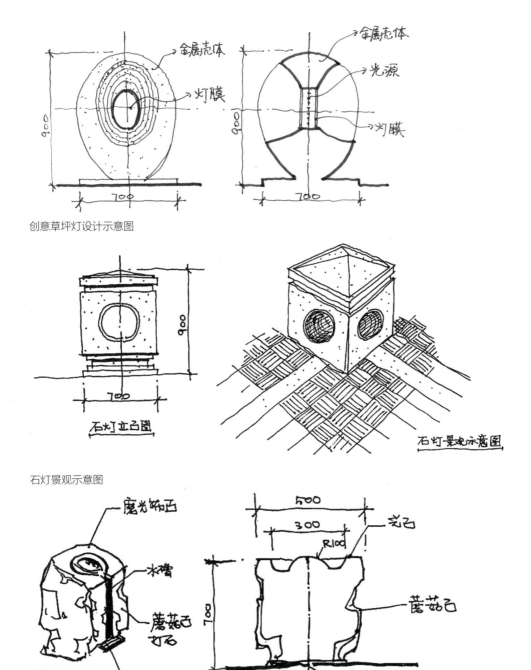

创意草坪灯设计示意图

石灯景观示意图

饮水口设计示意图

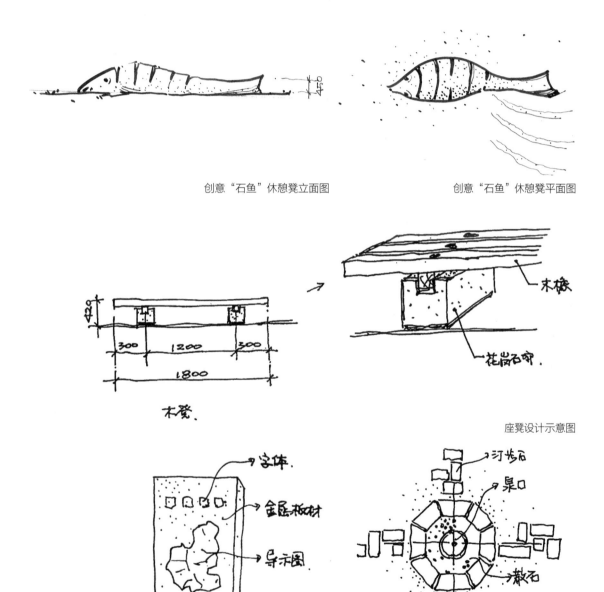

创意"石鱼"休憩凳立面图 创意"石鱼"休憩凳平面图

木凳.

座凳设计示意图

导示牌设计示意图 涌泉设计示意图

木桥、旱溪平面设计表现

石灯平面设计表现

木桥·旱池

石灯

置石

木桥、石灯、置石设计示意图

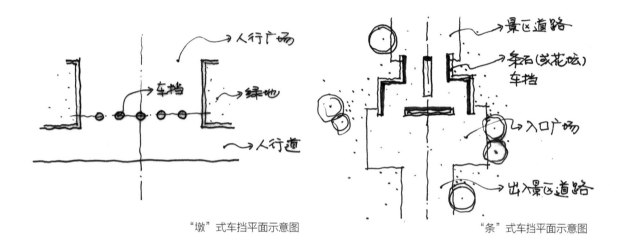

"墩"式车挡平面示意图　　　　　　　　　"条"式车挡平面示意图

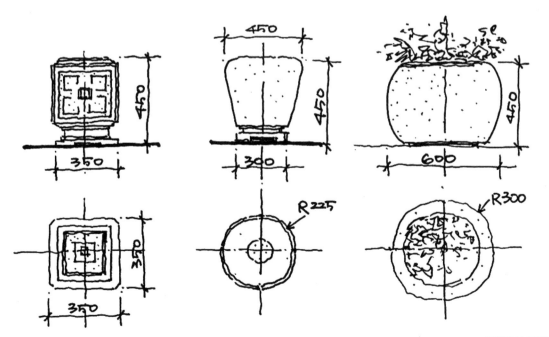

车挡设计示意图

七、论园林与公共艺术

人类进化、社会发展离不开艺术。原始壁画、古代器皿、古代遗迹等都属于艺术范畴，艺术记载了人类的经历，体现了人类追求理想和对美的感悟，艺术是人类宝贵的文化财富。公共艺术不拘于何种形式与风格，而体现在艺术的公共性上，是存在公共空间、传递社会精神、提供美的享受载体。园林的游憩与观赏特性，为公共艺术的展示提供了场所，公共艺术丰富了园林景观、增添了园林意境。园林中的公共艺术强调忠实于自然与和谐的艺术观念，是一种符合园林场所的形式、结构、功能、习俗及氛围的艺术。

园林中的公共艺术，不仅以雕塑、绘画等"传统型"艺术体现，而且形式多样，可以说园林中的任何景观都可与公共艺术挂上钩，就园林要素来分析、研究、推广园林的公共艺术性，对提升园林品质、提高园林观赏性有积极意义。

园林中的公共艺术可归纳为主题性、装饰性和融合性三类，在表现上有以传统雕塑等延伸形式，也有依据科技发展，采用光、声、电等科技成果进行影像方面的公共艺术创作等。

园林主题性公共艺术，往往位于园区聚焦节点或视觉中心，有相应的空间与相应的体量，表现形式上常以雕塑为多，雕塑是公共艺术中最具代表性的内容。雕塑在表现园林公共艺术中以户外为主，室内以展陈为主，雕塑个体应从园林环境出发，立意、规模、色彩等表现符合环境空间意识，起到烘托、提升园林艺术氛围的积极作用。雕塑起源于西方，在传统"欧式"风景园林中精美的具象雕像占有很大比例，而抽象类雕塑至19世纪在西方逐步推进形成"气候"，后传入我国。具象性雕塑能直接给人以艺术上的"认识"，抽象性雕塑则给人更多的想象空间。在使用材料上，石材、金属，甚至植物都可以应用在园林环境的雕塑中。

园林装饰性公共艺术，是从艺术装饰角度进行的辅助性艺术设计，多用于收边收口，提升艺术观感。如园林中依据地形起伏特点，在山体、墙体、构筑物等具有消极高差的地方，采用雕塑与绘画结合的浮雕形式能得到较好的景观艺术效果，浮雕具有"压缩性"，空间弹性大，适合的环境多样，浮雕可"原"基面刻琢，也可以石材、金属等制作贴饰于构造面上，可根据园林环境特点和构思表达内容采用浅雕或高雕。

园林融合性公共艺术，为非主题性的从衬托环境的角度放置于园林空间中的艺术表现作品，具有装饰、点缀、丰富视觉感官的作用与效果，在表现形式上有雕塑、浮雕、壁画，以及艺术色带、色块，艺术地形等。园林融合性公共艺术是园林的重要表现形式，如果说主题性、装饰性公共艺术是艺术家作品，那么园林中融入公共艺术则是园林设计范畴与考虑的内容，也就是说在园林设计中的各园林要素应充分考虑公共性艺术内容。广义上的园林涉及生态环境等诸多学科，狭义上园林归位是功能、艺术与工程结合的学科。艺术"进入"工程，工程"融入"艺术是园林之本，作为园林践行者的设计师，加强公共艺术修养、提高公共艺术的鉴赏与评判能力、加强艺术基本功的训练、加强艺术实践活动、培养艺术情趣等，是公共艺术融入园林设计的方法与途径。艺术修养是多方面的，书法、绘画、雕塑、陶瓷、木艺、印章、石刻、古玩、收藏等，都是艺术修养的一部分，不管修养"精"还是"广"，只要"沾"上艺术修养，则公共艺术融入园林的意识就会体现在习惯与认知上。

随着社会发展，人类对环境认知的提高，对美好景观的向往，园林会不断给公共艺术提出与时俱进的"要求"，公共艺术更会给园林反馈文化财富、增添美丽景象。

以"美丽中国"为目标，从提高国民素质角度出发，加强艺术修养，提高国民对园林的认识，推进园林事业高品质的发展，是园林从业者的责任与担当。

附图为在学习、了解公共艺术时以手绘草图方式收集的一些素材，旨在反映公共艺术在园林中的运用，以提示设计者的创作思路。园林环境中涉及的公共艺术多种多样，所附示意性图是结合论述例举一二。从广义上讲园林就是一个场景性的公共艺术。

附一 园林主题性公共艺术

　　人物雕塑、喷泉雕塑多置于园林出入口、广场中心、主要轴线、视觉焦点等处，成为主题性公共艺术景观。

人物雕塑

喷泉雕塑一

喷泉雕塑二

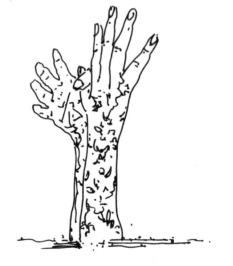

园林环境中的"双手"

附二 园林装饰性公共艺术

形象化雕塑小品起装饰、点缀园林环境的作用，具有艺术观赏性和园林趣味性。

趣味性雕塑一

趣味性雕塑二

装饰性雕塑一

装饰性雕塑二

园林景观小品"慢生活"   草坪上的"螳螂"

园林环境中的动物群雕

草坪上的乒乓   园林环境中的"羽毛球"

附三 园林融合性公共艺术

艺术装饰融于园林活动，为游人提供游憩、参与等体验，体现了公共艺术与园林的融合性。

结合地形的浮雕墙

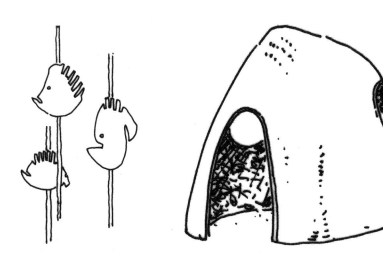

活动场地中的艺术小品　　　　　　　　　　　趣味性艺术编织"包"

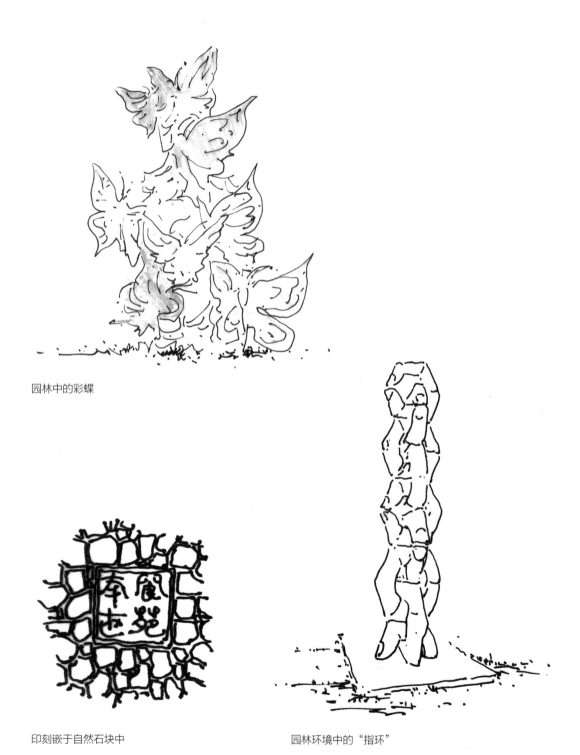

园林中的彩蝶

印刻嵌于自然石块中

园林环境中的"指环"

藤蔓"花巢"

园林环境中的"双手"

艺术性座凳

八、论园林植物配植

地球上最早诞生的生物是蓝藻，并从此改变了地球大气和水文环境，促生了植物的演替与进化。植物的出现与进化改变了地球生态体系，形成了地形、地貌。植物是地球环境的基础，是动物生存的保障，植物出现在地球上要较人类早很多，是植物装扮了地球并维系地球的生态平衡，动物生存依赖植物，植物处于生态链的前端。

植物由根、茎、叶、花、果、种六个部分组成，具有固着生物和自养特性，植物具有多种多样的功能，不同的纬度地区生长着各类植物，其结构形态的观赏特性，成为园林植物配植的基础。从广义上讲，该地带生长的植物都能适合该地带的园林环境，都是园林可选择的植物，用什么植物装扮园林，形成什么样的园林植物景观环境，这就是园林植物配植的学问。

中国传统园林中对植物的要求与欣赏，一直缺乏从造园的角度去思考，往往成为"闲情随笔"的表述，与科学的植物体系相差甚远。在西方园林中则强调植物的"学问"，植物学的研究起步较早，而我国在 20 世纪初才引进科学类的植物园。

由于园林学科的发展和概念的扩充，应从更大范围去思考园林植物在生态效应、城市空间等环境中的运用，利用生态原理和美学原理去美化园林、装扮城市。

园林植物的生态性体现在个体的成长适应、生长速度、生长寿命、体量大小等上，体现在群体的多样性和稳定性上。园林植物的美观性体现在个体的观赏特点与文化特点以及群体的景观效果与环境效益上。

园林植物作为城市空间的绿色基底，设计者在配植植物时应从系统性出发，抓住"线性"的骨干树、"斑块"的基调树，形成城市园林植物基底特色。

"线性"为城市道路绿化、河道绿化、生态廊道等绿色线性空间，是链接各区域及构成城市园林生态和景观的系统连线。

"斑块"为城市公园等各类"园林化"场所，可为游览者提供集聚性游憩活动场景，构成多样性的城市园林景观与生态环境。

园林植物配植的目标就是取得稳定、可赏的植物群落，为使群落稳定首先选择气候、土地相对稳定的环境；其次群落配植应科学合理、互不相争、各取所需、和谐共生，把握好常绿与落叶、乔木与灌木、地被与草坪之间的关系；第三清除外来物种的干扰与入侵，保持物种的"纯度"；

第四加强园林管理，做好植物日常维护。

群落观赏应首先确定园林观赏意境与景观效果要求，依此选择植物；其次确定观赏主体树种与辅助搭配树种；第三确定种植方式，注重林木平面林缘线和立面林冠线。

植物具有地域性，这是由气候条件与文化习惯形成的。植物能在地域长期生长，有"土生土长"概念的树，俗称乡土树，"市树""市花"就是对地域植物喜好的体现。植物配植中应重视"乡土树种"的运用，"乡土树种"具有稳定的生态习性与抗病虫害能力，具有保障区域生态系统和延续历史文脉等特征，通过合理地配植和植保，能形成良好的特色景致。

园林植物配植的艺术性，从个体上讲是形态、色彩、意境的选择，从群落上讲是种类的搭配，达到群体的完整性、变化性、可观性与特色性，园林植物的配植通常分为"自然式"与"规则式"两大类。

"自然式"配植为模拟大自然景象，多物种、多层次、高低搭配，常绿、落叶混合，乔木、灌木混合，形成林缘进退有序，林冠错落有致的植物群落。由于植物的"活"性，配植的植物群落中植物种类有强有弱，有大有小，不断成长，有弱者成为主体，强者被更替的自然演替进化过程，在这个"过程"中只要符合生态规律，都应是稳定的群落。"自然式"配植中的植物景观，应有景观主体，是挺拔、花艳、彩叶还是形美、果丰、叶雅，总要有个选择，季节的变化形成了更加丰富的群落季相景色，这是大自然赋予人的"眼福"。

"规则式"配植为植物生长点位是有规律的排序，常用于道路广场绿化、景观树阵以及生态造林、苗木圃地等，其植物种类相对单一，树形、树干、树冠一致，追求整齐一致性的景观效果，在植物种类选择上应从系统性出发，适地适树，并选择产地相近的苗木。

"自然式""规则式"植物配植，都应遵循植物"活体"生长的基本空间要求。乔木、灌木有株距要求，灌木、地被有密度要求，掌握株距、密度要求，是进行植物配植设计的基本。

随着社会发展，生态环境的日趋稳定，人类需求的变化，人对植物的认识也越来越科学，园林植物的作用也同样会向更加合理科学的方向迈进。在优美生态环境前提下，园林植物不仅要注重美观，而且在可食性、用材性、药用性等很多性能有待逐步推广，达到综合利用的目的。古语有"前人栽树，后人乘凉"，前瞻性地为后人留下更有价值的园林植物，也是"利在当代，功在千秋"的园林"大计"。

附一是从环太湖"大空间"中表述了对绿化景观的评价与营造。附二是从城市面貌背景表述"花花草草"的运用。附三从植物配植十种方式，归纳了植物配植的基本手法。

附一 环太湖旅游带的绿化景观评价及绿化景观营造

（一）背景

改革开放国民经济增长迅速，人民生活水平越来越高。国际间的交往，海外游客的大量入境，这些都促进了我国旅游业的发展。随着改革开放的深化，江苏省从实现跨世纪目标、调整产业结构、大力发展第三产业的战略高度，将旅游业摆上突出位置，积极推行政府主导的旅游发展战略，并把旅游业作为支柱产业来培育。

旅游作为一个产业，其良好的经济性为大家所接收，各地区、部门都要上些旅游项目，但如何上？怎么上？上什么？正是亟待解决的问题。长期以来形成的条块分割、重复建设的状况，阻碍了旅游业的良性循环。

就环太湖旅游带而言，太湖风景名胜区是全国重点风景名胜区之一，江苏省区内涉及苏、锡、常三市管辖范围。为了使整个区域有序发展，由江苏省政府委托省旅游局牵头组织国内有关专家和世界旅游组织（WTO）专家于 1998 年 9 月 20 日至 28 日对环太湖旅游带的部分设施、项目等进行了实地考察与研讨。大家一致认为环太湖旅游带亟须做好旅游定位、产业布局、景点规划、项目建设、水体整治等，从宏观上进行控制和规划。克服目前的"抢"——抢建游乐设施、人造景观、建筑组群；"同"——建设项目大同小异等问题，充分利用环太湖旅游带中的丰富旅游资源和良好的旅游环境，发挥优势，使旅游带成为旅游价值高、可持续性强的著名旅游风景区。

下面我想结合专业，针对本次实地考察情况对环太湖旅游带的绿化景观进行一定评价，并对如何进一步营造绿化景观提出自己的观点与大家共商。

（二）绿化景观植被评价

1.丰富的植物种类。环太湖旅游带地处中亚热带与暖温带的过渡区，植被组成为常绿－落叶阔叶混交林，具有常绿阔叶向暖温带落叶阔叶林明显过渡性质。依仗着优越的山、水自然条件及形成的局部小气候，其植被种类非常丰富，植被的景观性、成材性和生产性也较突出。乔木、灌木、地被层次分明。据1984年太湖风景区（无锡地区）对植被的调查，该地区种子植物种类有147科、707属、1 350种。许多种类在同一纬度中其他地区不能生长或不能良好生长的植物在风景区中普遍或局部生长良好。这些都具有很高的科学价值和游览观赏价值，其总体特点可用以下几方面概括：

（1）该地区植被丰富，具有地域代表性、特色性和环境性，其科学价值、观赏游览价值较高。

（2）植物是该地区很好的生产、生活资源，该地区经济发展性强，旅游潜力大，可持续发展性强。

（3）丰富的植物种类、独特的环境利于创造植物景观和组织植物景观。此外，动物资源、天然溶洞及其他特色资源等均为旅游开发创造了得天独厚的条件。

2.植被林相分布状况概述。从此次环太湖旅游带考察来看，其植被林相可归纳为以下几种类型：

（1）绿化植被以人工次生林为主（即人工造林与自然生长林相结合），植被种类较多，多数生长稳定。

（2）具有自然山林风景，其植被种类非常丰富，生长稳定，尤其以江苏省唯一残存的宜兴龙池山自然森林保护区更为珍稀。

（3）人工经济林突出，景观效益、经济效益较好，如茶园、橘园、梅园等。

（4）需要进一步进行造林的荒山、边地等数量较大。由于开山毁林等，使得亟须恢复山林的景观用地数量较大。

从绿化景观分布上分析，自然式的山林植被在太湖西岸的武进、宜兴域内分布相对较多，且生长稳定，生态结构良好。太湖北岸、东岸则以经济区、人工林相对较多。

从旅游项目开发与植被状况上分析：人造景观破坏植被严重，不仅使植被在数量、种类上减少，而且破坏了自然景观的林冠线。如从梅梁湖东岸的"唐城"—"镜花缘城"段，沿湖植被破坏严重，绿量少，已无自然植被层次，同时，由于缺少植被的遮挡与配植，人工构筑物过分显露，使"平山远水"这一景观特色受到破坏。

从树木种类、年龄上分析，区内虽然树木种类丰富，但覆盖相对单一，常以单一或少量种类的树木占覆盖优势。区内古树名木少，不能够反映出该地区的文化历史悠久性。

总之，环太湖旅游带的风景林质量还要围绕观赏效果、林分优化上仔细分析，做好全面深入的调查，形成最终观赏价值高、特色明显、生长稳定的林相景观。

（三）植被林相景观形成

在上述环太湖旅游带植被景观分析的基础上，对最终形成什么样的林相景观还要做很多工作。

第一，对该地区进行优势树种的林分统计并根据地区植被带考虑针林、针阔混交林、落叶阔叶林和落叶、常绿阔叶混交林面积比例和水平分布，把握森林演替的节律，以达到风景质量高、永续利用可持续发展之目的。

第二，在环太湖旅游带总体规划中，应认识到植被景观的重要性，做出绿化景观专项规划。近期重点工作宜在绿化植被的保护和选择先锋树种对荒山、荒地的植树造林。对已形成风景热点的部位、区段等进行对荒山、荒地的植树造林。对已形成风景热点的部位、区段等进行绿化景观的补充完善和改造提高。

第三，注重特色绿化景观的营造，围绕太湖岸线选择适当地段进行近水、临水、浅滩的绿化景观培养。

第四，做好风景林的抚育工作，调整林分树种、结构，提高森林质量和风景观赏效果，确立林班的经营目标，形成稳定的生态结构植被群体。

第五，对于必要的人造景观，其建设一定要因地制宜、布局合理、进退有致，尽量保证原地形的景观特征，保护植被，解决好人造景观物与自然植被的矛盾。

第六，确立绿化景观的骨干树种，按使用类型做出树种的基本结构搭配。提高对古树名木的认识，做好调查、保护工作。

（四）对做好环太湖旅游带景观的建议

环太湖旅游带的总体规划涉及面很广，工作量大，必须在政府直接领导下组织专门的权威性规划机构，开展各专业专项的系统协调工作。

规划中应围绕太湖风景名胜区这一核心进行，进一步明确风景名胜区的性质特点，决不能仅仅把她当作一个玩乐、休闲的场所，其实其文化内涵、生态功能等更为重要。

规划中应与风景名胜区规划调整相结合，进一步明确一些范围界线，如核心范围、保护范围、过渡范围、可建设范围等。

规划中应将太湖苏州段、无锡段、常州段统一进行规划，注重连接性、整体性，并根据各区段特点，因地制宜地进行旅游定位、项目建设，尤其人造景观一定要适度、适量，注意选址。

规划要可操作性强，有动态观点、可持续发展观点和超前意识。

相信通过江苏省旅游局组织的环太湖旅游带规划研讨会，能为环太湖旅游带今后的规划建设等起到积极作用，为省政府和相关各部门领导的决策工作起到建设性作用。

附二 因地制宜、创造美丽的花世界

植物应是在地球陆地上最早出现的有形生物，比人类早很多。植物是维系稳定生态环境的重要组成部分，开花结果是植物正常生长繁衍的过程。人们对花卉的观赏理解通常是指在植物花期中其花朵的优美艳丽的形与色，观赏性强的花卉往往以其花朵形状的独特性与色彩的丰富性显得靓丽，在人们的视觉下，鲜花装扮了世界，世界也因有花而生动美丽。人类对花卉的喜好历史悠久，从剪枝插花、花季花节、花卉礼赠，到花田花圃，甚至大地花卉艺术等都体现了花卉在人们生活中的相伴。在文学作品中描写花卉更是多种多样，经典诗句比比皆是，可以说人因花而灵、因花生情，花是一首不老的诗。

随着人们生活水平的提高，社会物质财富的丰足，科学技术的广泛普及，用花卉来装扮环境越来越普遍，规模越来越大，但作为植物，自然条件仍然是其生长的首要要素，不同地区、纬度往往有不一样的花卉景观，花草因其美艳而不分选择地被异地种植，只会是"昙花一现"，甚至产生破坏原生态环境的结果，所以因地制宜地选择花卉，点缀、装扮环境非常重要。目前城市园林景观中频繁使用异地花卉，虽取得一时的新奇效果，但过后留下大量的废弃物体，铺张浪费，劳民伤财，如所谓的"花卉大道"往往成了花田圃地，一年四季、重大"节日"不断更换，再也不讲什么生态优先了，只为追求那种"庸俗的美感"与"热闹的光鲜"氛围。再一方面是花卉选用上，不分位置、环境，用花卉"补缺""遮丑"很不自然。以花装扮环境，就应对环境有充分的理解，这点非常重要。只有培养对花卉的正确审美观，形成懂花、喜花的共识，才能有效合理地使用花卉。从以花装扮的空间来分，可归纳为一是鲜花摆设布置在室内家庭、办公室、会议会场、商场等，只要控制用量不至"满屋"，色彩与环境协调，盆俱简素，则必为雅致，最忌"大红大绿""蓬荜生辉"，此仍大俗；二是户外的"广阔天地"为花卉装扮世界提供了更为丰富的场景空间，"花儿"可以独植孤赏、单花独品，也可以群片面植，可以立体种植，可谓"百花齐放，锦绣大地"。户外花卉布置因场景环境的差距更应遵循"因地制宜"的原则，由于人们对"美丽"的理解有别，当把月季种在立交桥上，朵朵各色"大花"艳丽动人，而效果为俗，当把蔷薇种在立交桥上，花虽没有月季的大，色也没月季的艳，但给人的感觉则自然了许多，丛丛花朵或直立或垂枝美化了桥体、装扮了城市。再如采用"立体绿化"技术把建筑物的墙面种上花卉，色彩艳丽，"十分美丽"，但给人的感觉就是假，而且越大越假，产生不了人们对花卉的"原始"美感。诸如此类在城市花卉的运用布置上举不胜举。更加科学地掌握花卉特性与提高人们对花卉的审美认识才能有效合理地使用花卉。作为花卉的管理者更要提高"美"的修养，在"生态优先为本，美景存世予人"的指导思想下，因地制宜地合理选用花卉、使用花卉，让花卉装扮靓丽世界。

附三　植物配植的十种方式

所附十种植物配植方式为植物配植设计中的"基本功"，在此基础上举一反三，可得心应手。

1. 树阵

（1）株行距与树种相符合。

（2）用在铺装广场上，树池大小要与树种大小符合，且保证一定树池间距。

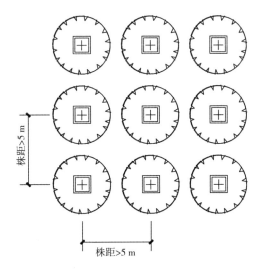

2. 自然树丛

（1）有大有小。（2）有疏有密。

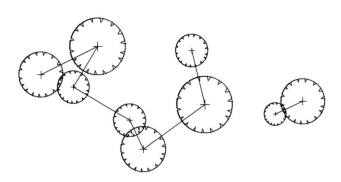

3. 加大竖向感

（1）坡顶配植乔木"大树"，增加地形高差感。

（2）坡脚配植灌木"小树"，协调"大树"与地形的关系，并使地形得以丰满。

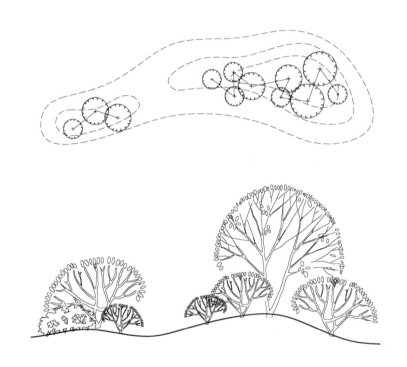

4. 常绿与落叶

（1）常绿在"中心"，落叶在"四周"。 （2）地被灌木种植在落叶树下。

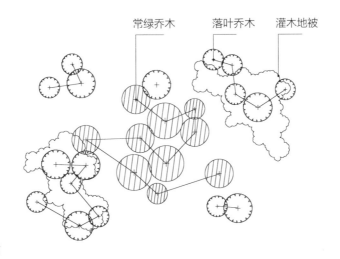

常绿乔木　　落叶乔木　　灌木地被

5. 大树与小树

（1）小乔木围绕大乔木。 （2）矮乔木围绕高乔木。

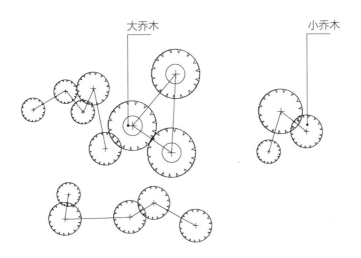

大乔木　　　　　　　　　小乔木

6. 乔木与灌木

（1）由于乔木的遮阴性，其林下灌木很难生长好。

（2）灌木地被种植以围绕乔木林缘线外侧为好，从平面上看，与乔木林缘线互为镶嵌关系。

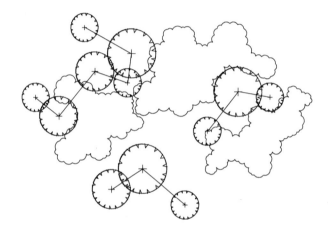

7. 树木与环境

（1）树木生长会受到气候、土质、水体、地形等环境的限制。

（2）喜阳、耐阴、阴生植物各有其生长所需的环境。

（3）滨水、山林、建筑前后等，都应有特定植物品种选择。

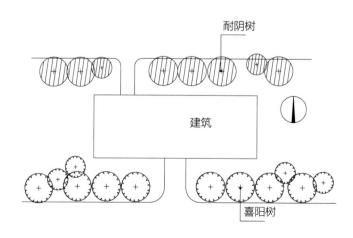

8. 季相配植

（1）根据植物品种的不同生长习性，丰富季相变化，搭配成景。

（2）"春花秋叶"指的就是春季花色丰富，秋季叶色多变。

（3）植物的花、叶、果及气味，体现植物的季节性。

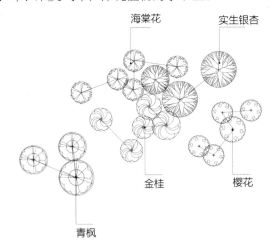

9. 意境配植

（1）植物配植"因意选树，因树生意"。咏花、数绿、说枝红。

（2）单一意境与组合意境。如"国色天香"为牡丹，而牡丹与海棠组合喻为"富贵吉祥"之意等，组合寓意更加丰富。

"枫林秋色"配植示意

10. 模纹色块

（1）阳光充足的公共空间可配以植物模纹。

（2）植物模纹应当具有连续性。

（3）模纹中植物品种选择应突出层次性、组合性。

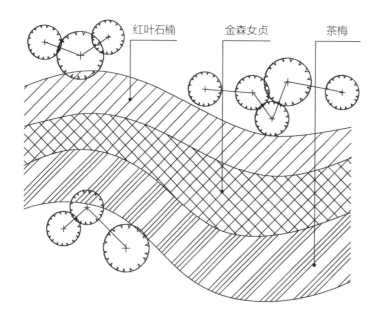

附四　植物配植案例

某滨水水湾植物配植设计示意图

1. 乔木配植平面示意图

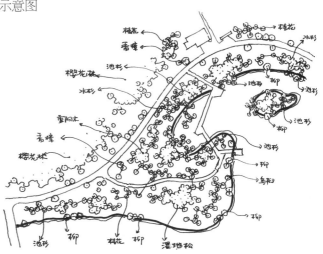

2. 灌木配植平面示意图

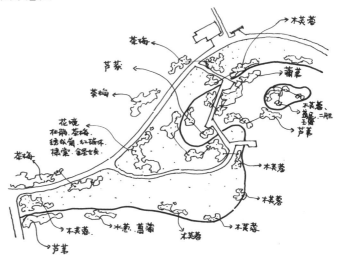

九、论园林庭院设计

园林与庭院既是两个概念，又常"合一"，现在"园林"通常指提供游憩、观赏的公共性户外活动场所，"庭院"则为建筑围合的小型空间或"私家"院落。园林中可有庭院，庭院也可是园林，园林庭院泛指"园林化"的庭院。由于庭院为建筑围合的附属户外空间，其形态、风格等与建筑的形态风格有密切关系，庭院通过"园林"造景手法，提高了院落的观赏性，功能得到更合理的布置，给人以更加舒适的享受品位及情趣感悟。

园林庭院的特色与建筑息息相关，并形成相应的景致，其类型可归纳为中国传统园林、欧式传统园林、日式、"新中式""新欧式"以及现代园林景观等类型。园林庭院设计具有主观性、限制性及功能性等特点。

主观性就是"能主之人"的想法。《园冶·兴造论》开篇"世之兴造，专主鸠匠，独不闻三分匠、七分主人之谚乎？非主人也，能主之人也"，即为此意。"能主之人"可以是设计建造师，也常为庭院"主人"，设计者的想法是相对专业而言，通过观察主体，从专业角度诠释该庭院的设计与建造，"量其广狭，随曲合方，是在主者，能妙于得体合宜，未可拘牵"则"自然雅称"。"第园筑之主，犹须什九，而用匠什一"，则说明了造园设计建造师的重要性。设计建造师的主观性与"主人"主观性的统一，确定了园林庭院的设计与建造。

限制性主要是指客观条件对庭院景观的限制，主要因素有周边环境、范围、建筑体量与形态、庭院朝向与形状、地下管线及邻里等方面。

功能性则是"主人"想具有的户外闲憩、观赏、园艺等方面的要求，庭院形状、景观与功能的合理结合才能形成园林庭院，单一"功能"与元素的庭院缺乏园林气息。

如何做好园林庭院设计工作，除具专业能力外，针对性为第一要务。针对"能主之人"的"意图"、针对客观限制"条件"，拿出"可行""有理"的方案，把握庭院的园林风格、表达内容、细节大样是庭院景致耐观的前提。中国传统园林"模山范水"，注重山水文化意境的基本表现形式，山"模"得好、水"范"得好，"意"与"境"充分结合，具中国传统园林风格的庭院就设计成功了。欧式庭院的园林轴线清晰、装饰构件雕塑化、小品符号人工化，追求自然中的华丽，功能上的单一。传统日式庭院风格固化，追求"人工化"的自然景象，色调淡雅、工艺精致、象征性强，具有"禅"意，表现上景石、砂粒、修植、微起伏地形等为其必备要素。现代园林景观风格的庭院则显得"自由随意"，大多依照与建筑主体的关系，布置相应的内容，不太注重风格上的"纯正"。对于宅前屋后类的私家庭院，只要"好看"与"实用"即可。别墅类的庭院对园林"味"要求会多些，常显混搭状况。而公共性的园林庭院则注重园林景观的表现，忌多杂无园林意境。从园林景物角度，首先明确主体建筑的特点，对应相适的园林特色，确定风格走向；其次依据庭园规模与要求进行功能上的布局与构图；第三确立庭院的园林意境，这是给庭院赋予灵魂，确定景观特色的重要步骤。由于庭院的"私家性"，涉及诸多人文风俗、习惯等，在设计中应注意避免一些忌讳的设计内容和物景选择。

园林庭院设计从入口开始，一般庭院的正门位于南面，位置是否居中，要看总体布局。中国传统园林的入口常采用先抑后扬手法，值得借鉴，其大门不宜正对宅房入口，若有后门则为偏位，并使不显。园林布局应优化庭院空间，"小中见大""景致互借"仍然是值得运用的设计方法，空间不宜分隔过碎、阴面过多，庭院地形忌讳起伏，无特殊情况也不宜设台地与凹地，遇高差设踏步宜为奇数。庭院设"山"，宜为石山，土山应置石相围；山体位置应置北后偏位，位南时应正偏左右，忌讳正向，山体大小应与庭院空间相符；假山石种材质与所处环境和建筑主体相协调。

庭院水体是围聚庭院空间的重要手段，民俗上有"聚财"之意。水体的位置、大小可相对灵活些，可南可北，聚合自然，关键是要有"源"的感觉。模仿自然的瀑布、喷泉要适当，否则影响视觉效果，噪音也大。如果水体为"水池"类别，池壁不宜抬高，应自然过渡，水体的深度要控制，深了不安全，但水质的"生态"性要好，也有利于"养鱼"，浅了"生态"观赏性差，所以一般以浅为主、局部设"深邃"区。水体中的水生植物不宜多，点缀盆植即可。水体应考虑自净或清理办法。水体中养的鱼类也应考虑风俗习惯，不应把杂七杂八的都放养在水体内。若水体中养鱼则驳岸水位以下应考虑多种变化，避免"泳池"状况。

庭院铺地是园林要素的组成部分，在庭院中起组织活动空间作用，铺地用材与拼贴应与总体设计风格一致，由于庭院的规模性，铺地面积不应过大，否则园林气息必然减少。铺地宜淡素、面毛防滑、安全宜清理，如设图样地刻等，应雅致有趣，不宜过多。

庭院植物在庭院中非常重要，往往成为"活"景中心，人们对树木、花卉的喜好也不尽相同，并不是庭院中有树就好，树越多越好，很多树种由于地域、风俗的限制，不应、不宜种植在庭院中。

庭院种植都想带来"吉运",而不破坏气场。庭院树木配植应少而精,以象征阳光、吉祥为原则。庭院中不宜种植的树木可归为以下几类,一是大型常绿树,该类树木冠大常绿影响阳光,造成"阴气";二是枯死树应及时清理,以免影响风水,成衰败气象;三是茂密的藤类不宜近宅,煞气重,影响庭院风水,如爬墙虎适应性强,秋叶色美,但一旦成势,生长浓密,成为风水隐患,难以清除;四是字音不吉树种,如"桑""梅"等不适的象征类植物,还有一些因地、因俗不入庭院,如竹子,虽多有高雅、高洁之形容,但也常不被世俗接受,其节被认为多坎多折,种植也宜植于偏位墙边。松、柏类的象征也不宜种于庭院,昙花一现、梅花"霉"气、玉兰为"妖"等,民间谚语"左不栽榆,右不栽桃,前不栽桑,后不栽柳""东植桃杨,南植梅枣,西栽桅榆,北栽吉杏"等。

庭院景石往往是园林的象征,有"无石不成园"之说。景石在石种上有各自特点,"瘦、透、漏、皱"就是太湖石的特点。每块景石一般都有观赏面与"背面",石像上有"吉"、有"凶",所以庭院景石的选择与放置有讲究。

庭院的其他内容如石刻、座凳、灯具等小品不可忽视,一要与庭院氛围融合,二要精致艺术有特色,三要位置得当安全,在此不再赘述。

随着生活水平的提高,人们向往美好生活,有条件的越来越追求庭院的"园林化","园林化"的庭院是环境质量不可忽视的部分。

以下附文、附图为尚留手中的少部分案例,期望能为从业者、爱好者在进行有关庭院的景观实施中,提供参考与帮助。

附一 庭院清水记

我院久驻古林公园，东临虎踞路，西望电视塔，北山南坪，环境优美，占据风水要地。2004年秋着手对办公楼进行改造，在周边环境整治中于楼体南面檐下散水前挖砌一"护河"，此"河"实为宽米余，长30米，深约0.4米的长浅沟，以分隔过渡南向空间和增加景观内容。

"护河"为砖砌，粉防水砂浆、刷防水涂料定型，并完善相关排水、进水设施。完工后放水洗刷，几经反复调整形成相对稳定的水位，时至春末初夏，不几日水质略浑，放入小鱼未见有亡，遂从玄武湖引入十余条尺长锦鲤，鱼游彩影，食投鱼聚，不亦乐乎，还招来不少观鱼、戏鱼的游客。时移天热水体逐浑，鱼逝时有。入秋至冬水质逐清鱼入阀坑少有出游寻食，经察余数可辨。来年开春至夏水又浑浊，公园治虫喷药入池，几经补换清水未见好转，亡鱼渐多，入秋至冬池清，可察已无锦鲤只余数尾毛杂，开春时节玄武湖友人又送二十多尾尺余锦鲤，规律如前，时至秋冬于阀坑可察二尾锦鲤。后时移往复"河"体再无彩鱼，"护河"水质浑清规律已定，再无彩鱼入水之趣，尤盛夏时节水体浑浊，绿藻滋生，散发隐臭之气，故有覆土种植花草之意。院有好者同仁安排专业公司进行现场调研，对"河"体修缮改造，一为做软体模壳，二为尝试建立水体生态体系，模壳易做自净体系生疑未望，后经一年半载"河"体还真清澈见物，为此详记"护河"清水之程。

净水工程始于夏初，初见两至三人往"护河"内倒土，土色偏黄，越倒越多，"护河"覆土后水更浅，疑利清水？既已实施何由变更，但试成功。其土为底泥内掺粒状物及改良剂，以利微生物生存扩散，使底泥适宜沉水植物的生长，底泥厚约15厘米，拍打稳定，放水前又散入粒状物和药剂，并植苦草和狐尾藻，水入"护河"顷刻水质黄浑，半月有余，未见水清，外加公园护树喷药入池致几条毛杂小鱼翻白死亡，心估"清水失败。但施工人员仍视有信心，隔三岔五洒入粒状物和药剂，时至盛夏水质确实逐步清澈，水下苦草，犹如森林，落物可见，放入彩鱼游动可寻，鱼越多越可观，只是招来游客和小朋友来戏捕，甚至花猫围池寻鱼入口。入冬水质更清，落叶沉底可捞，苦草灰绿，以无鱼亡。二年有余，水清如初，其间旱久则补水，落叶则捞之，再无浑臭之忧。此例可证，浅小水体，依能建立自净生态系统。诸如此类庭院环境，水体无数，只要大家能按此方法完善，何愁浑臭，这对改善环境、宜居社区、创建节约型园林景观有积极意义。

附二 中国传统园林庭院

中国人家

特点：

1. 庭院封闭围合，有主庭、边庭及小院；

2. 模山范水，以水为脉络，赏石为景观视觉焦点；

3. 亭、廊、榭、桥等与主体建筑融合，形成江南园林特色庭院。

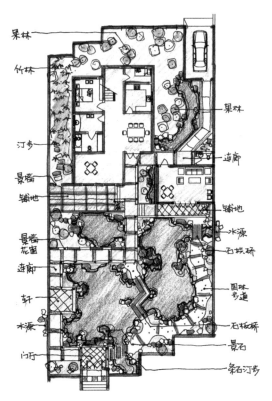

庭院 A 平面图

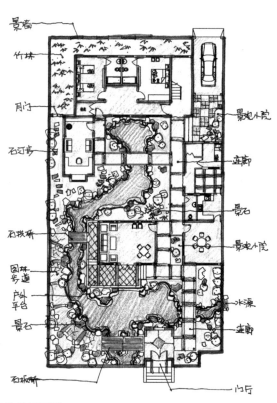

庭院 B 平面图

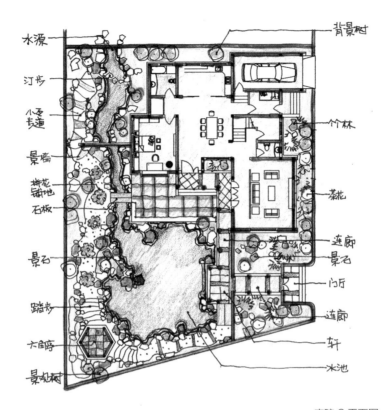

庭院 C 平面图

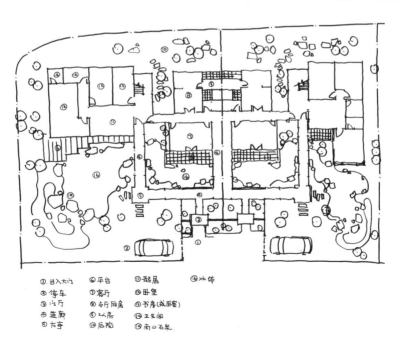

双拼庭院 D 平面图

附三 "邃园"记

"中国人家"玉鉴园（东园）为我院于 20 世纪 90 年代参与设计的中国传统宅苑别墅项目，建成后不断有住户来咨询相关问题和索要设计图纸等。其中有龙姓住户对中国传统文化兴趣较大，倾心宅苑，前期建设初步定型后时常咨询我并让我去调整。今年春节又约我去看看，讲家里的"园子"好像始终不够满意，想调整，甚至推倒重来也行。

带着这个嘱托，我想了几天，终有成果可拿出交流。首先我想的是如何让他知道什么是中国传统园林，并由此切入方可接受设计。简要概述，中国传统园林是"模山范水"意境的产物，具有情感抒发性，形态只是一部分，文化内涵是不可缺失的部分，此外还有"风水"等"玄学"在内。当然设计的起手很重要，这是园林综合素养的体现。目前宅园的"问题"不再多述，只是根据一定的限制条件和户主意见进行完善吧。

既然园林讲究情趣，园林就应该有个"名"。这是江南园林的第一条，哪怕"园子"建好，也要有个名，如"拙政园""退思园""狮子林"等，都点明了"园子"的出发点。由于宅园内已有水池，改造设计中肯定要完善，古语"藏龙卧虎"的"龙"是生活在潭中的，虎是生活在山上的。"潭"为深邃，以"邃"隐"潭"，"邃园"自成，吻合"龙"姓。这是我认为最为成功的地方，其他的设计内容就相对好办，无非是"先抑后扬""步移景异""小中见大""互为借景"罢了（附设计草图）。

大门已定，其位置形态不宜再动，大门现有牌匾"云水居"，感觉"直"了点，改成"邃园"为好。但入门应有玄关，不能一览无余，全园尽收眼底，所以入口大门必须加设玄关"墙"，"墙"上设"八角花窗"透景，其上可书"衔山抱水"等类似牌匾。入大门西则为曲廊，曲廊围合天井小院，植以海棠配放景石则自成意境小院，曲廊通至全园主体"静观堂"，再至宅房，这样形成以南院为主、中院相辅的园林空间格局，东南高位的亭山保留置石，改造水体，小移石峰，调整花木，形成山有脉、水有源、花叶茂的园林景致，以"石壁流淙""石矶观鲤""起云峰"等为景趣内容。中院在印花铺地上于中轴线放置"盛露盆"，由"园趣"小月门可至北面出入后门。全园以中国传统山水园林为特征诠释了"邃园"意境。

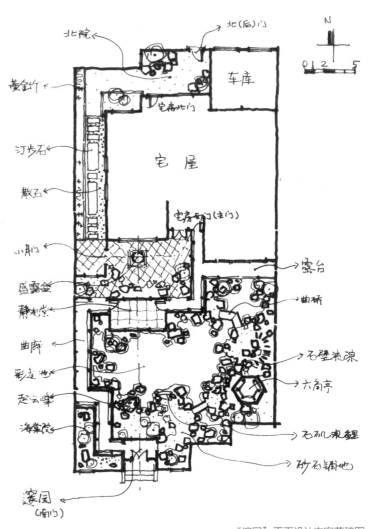

北（后）门

北院

N

黄金竹

车库

汀步石

宅房北门

散石

宅 屋

小角门

宅房南门（主门）

盛露盆

露台

静观堂

曲桥

曲廊

彩庭池

石壁流泉

起云峰

六角亭

海棠院

石矶观鲤

砂石铺地

邃园
（南门）

"邃园"平面设计方案草稿图

附四 某别墅庭院设计（一）

特点：

1. 别墅为现代风格景观建筑，空透、飘逸，注重与环境的融合，庭院占地面积较大，自然景观基础良好；

2. 充分利用西面临水的自然条件，将水体引入庭院；

3. 尽力保护原生态环境，树不动，土少动；

4. 布局功能上园林景观化。

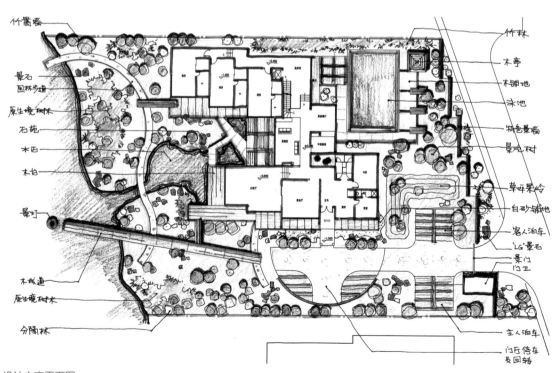

设计方案平面图

附五 某别墅庭院设计（二）

特点：

1. 建筑外形装饰拟体现西班牙的传统风格，庭院及配套与大门及景观内容相呼应；

2. 围墙、大门在形式上、色彩上体现了原汁原味的西班牙"味道"；

3. 庭院相对较"拥"，喷水池、花架廊为必配内容，其余场地为简洁的草坪、菜圃与建筑相"靠"。

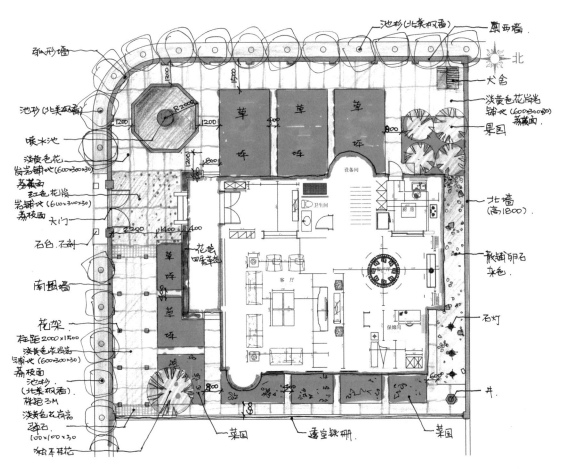

设计方案平面图

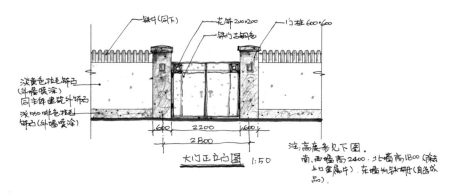

大门正立面图 1:50

注: 高度参见下图.
南、西墙高2400. 北墙高1800 (除在上口金属片). 东墙为铁册 (自选成品).

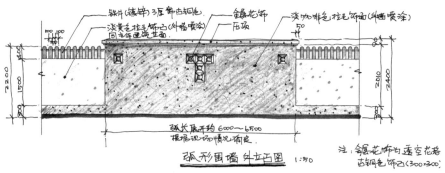

弧形围墙 外立面图 1:50

注: 镂空花饰为透空花格
古铜色饰片 (300×300)

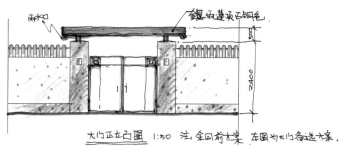

大门正立面图 1:50 注: 余园前方案, 东园为大门备选方案.

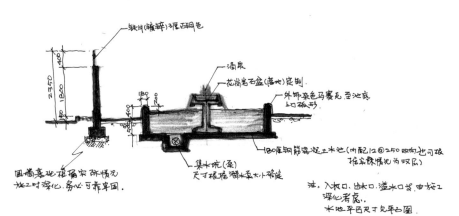

部分设计方案内容

附六 某别墅庭院设计（三）

特点：

1. 别墅区街区及建筑均为"欧风"，红瓦、深色黄墙，三层联排。

2. 庭院设计提交了三个方案：方案一以"规矩"平直走向结合功能，"水长景多"；方案二以"网状"为构图基底，显活泼奔放自由；方案三进一步简化内容，注重细节，形成有景可观，打理方便的庭院景观。

3. 最终实施方案的趋于简洁的方案三为基础深化完成。

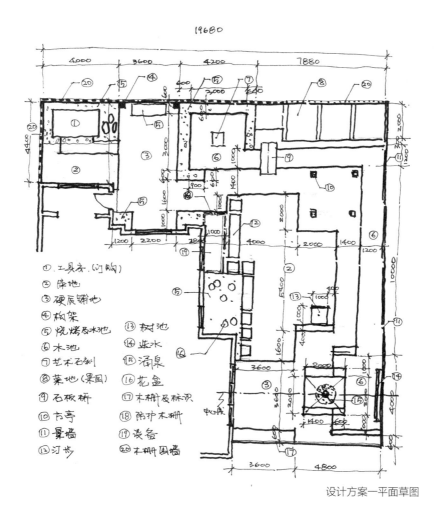

① 工具房（讨购）
② 绿地
③ 硬质铺地
④ 构架
⑤ 烧烤及水池
⑥ 水池
⑦ 艺术石刻
⑧ 菜地（果园）
⑨ 石板桥
⑩ 方亭
⑪ 景墙
⑫ 汀步
⑬ 树池
⑭ 亲水
⑮ 涌泉
⑯ 花盆
⑰ 木栅及标识
⑱ 防护木栅
⑲ 设备
⑳ 木栅围墙

设计方案一平面草图

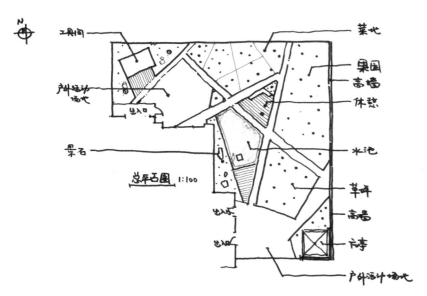

设计方案二平面草图

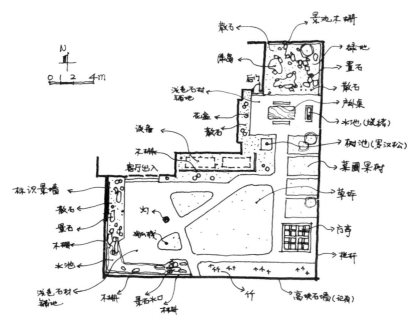

设计方案三平面草图

附七 某别墅前庭及后庭景观设计

特点：

1. 院小树大，景观别致；

2. 依据地块"分区"特点，选取"圆形"为主要构图，凸显活泼、精致的特点，现代景观设计手法与别墅建筑协调一致；

3. 后院则自然随意，不失章法。

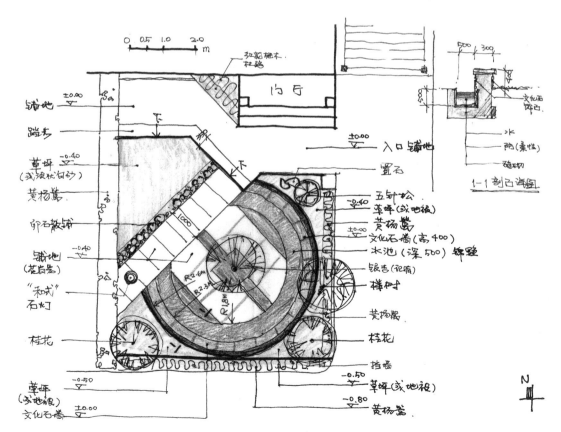

别墅前庭设计平面图

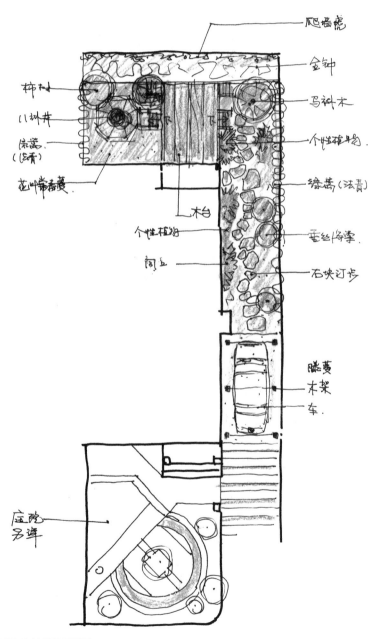

爬墙虎

金钟

柿树

马卦木

小补丼

个性植物

宿蓠
(篱)

绿篱(法青)

花叶常春藤

垂丝海棠

柏

个性植物

石块汀步

陶丘

藤蔓
木架
车

庭院
多弹

别墅后庭设计平面图

附八 某别墅庭院景观设计

特点：

1. 别墅为联排西边户，并临小区人工溪流；

2. 设置内容相对简洁，设计完整，有前有后，各具特色，不乏趣味。

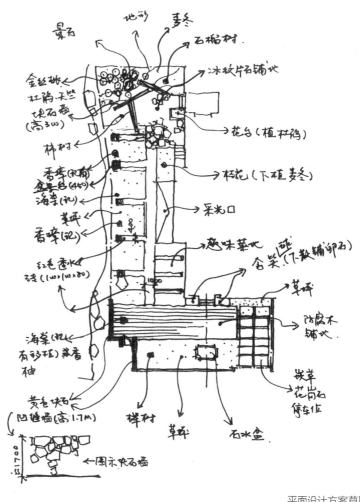

平面设计方案草图

附九 某酒店内庭景观设计

特点：

1. 充分利用庭院现有泳池，改造成景，注入庭院功能与景观；

2. 遮挡围合，形成园林景观庭院氛围；

3. 注重构图，细节交代清楚。

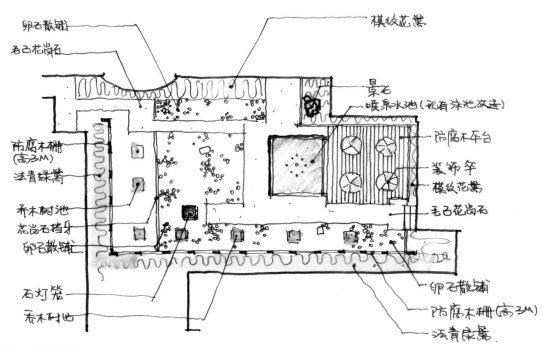

设计方案平面草图

附十 某公共性庭院景观设计（日晷）

特点：

1. 主体建筑为公共性文化中心，庭院位于入门主厅；

2. 庭院设计主题意境性强，以"日晷"小品突出"时辰""季相"文化；

3. 庭院以"天圆地方"为构图出发点，把握各景观要素的尺度及分区。

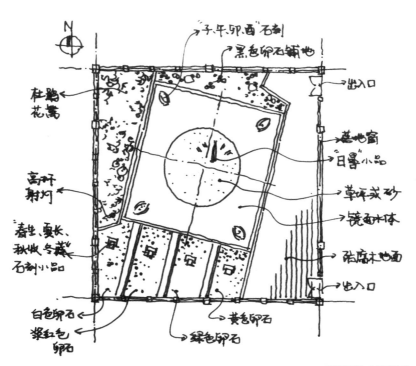

平面设计方案草图

附十一　某别墅前院景观设计

特点：

1. 因开发商追求"效益最大化"来满足人们住"别墅"欲望，别墅前院为一狭长小院，该类型"别墅"较多，户外庭院是住户对景观的期待；

2. 提供三个景观设计方案类型，总之一定要有个"活"字，使狭长空间有变化、有趣味。

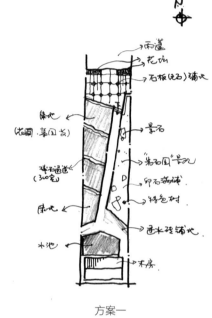

方案一

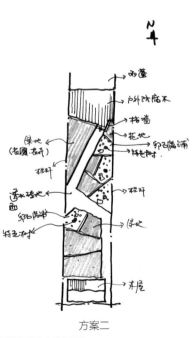

方案二

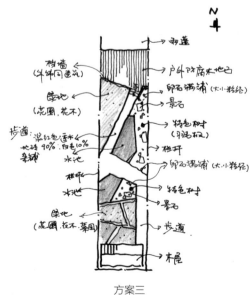

方案三

平面设计方案草图

附十二　某住宅屋顶庭院景观设计

特点：

1. 功能与景致结合；

2. 景观元素简洁、精致。

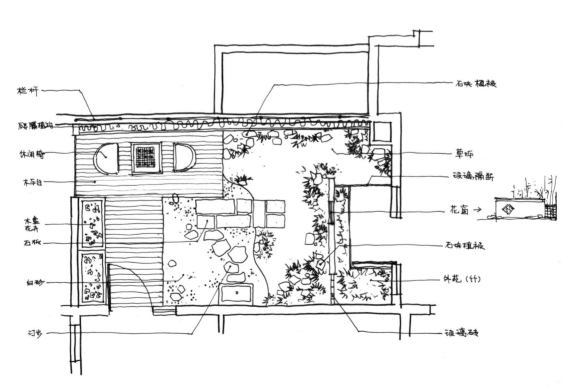

平面设计方案草图

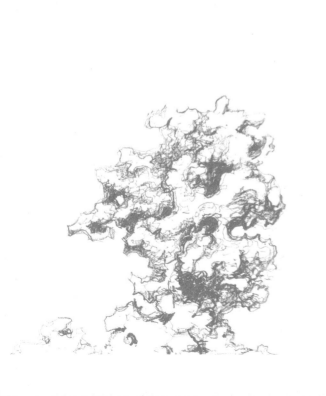

十、论园林设计与施工

设计与施工是建设的两个重要阶段，简要概括讲，设计是把思想、思维和认知等变为"图画"，能够照样实施的"图画"；施工是把"图画"落实成物体。由于园林的"活"性，使其设计与施工的关系更有诸多"弹性"变化。

山水、植物、园路、广场、建筑及小品等为园林的基本要素。《园冶》"园说"开篇"凡结林园，无分村郭，地偏为胜，开林择剪蓬蒿；景到随机，在涧共修兰芷。径缘三益，业拟千秋。""障锦山屏，列千寻之耸翠，虽由人作，宛自天开。"就是巧于山水、筑景成园的关键，园林施工要灵活多调才能"景到随机"，这也是园林设计与施工的关系。植物是园林景象中"活"性较大的因素，植物在我国传统园林中，尽管相关咏句、诗、词优美，但从造园角度看始终不为重视，而在西方园林和现代园林中则成为主角，不同生境各具特色的种类构建了富于变化的景观，其"活性"又是生态环境中的重要部分，在"生态优先"的思想指导下更显得尤为重要。设计选苗确定了施工定苗，苗木的形态、长势、迁植等实物状况属于施工范畴，所以施工定苗确定了最终的园林景观效果。道路、广场随着园林的发展、功能的要求，成为园林中的重要内容，在传统园林中讲究的是迂回曲折、互为因借、步移景异、情趣意境，而现代园林则注重的是交通游览系统和人群的疏散安全，以及园林的低碳环保、资源的再利用，更科学地提供大众游憩空间、艺术观赏空间。该类"土建"工程虽然没有植物的"活性"，但作为园林建设内容则有着更多的观赏性与精致要求，不仅整体要完整、协调，而且收边收口更应体现园林特点，这都需要设计与施工的配合，解决设计中遗漏和预想不到的地方。建筑与小品是园林中不可缺少的内容，建筑在中国传统园林中为主体，不仅承担功能上的内容，而且起组织空间、形成院落的作用。"亭、台、楼、阁、墙"有着园林景观的特殊要求，假山、铺地、挡墙等各类小品也是园林中不可缺失的内容。建筑与小品的形象、尺度、寓意、细节等，往往成为园林景致成败的关键，这些从施工、放线、模拟形象与体量等开始，就反映了设计与施工的配合，设计成果与实际环境的吻合是设计目标，也是施工目的，体现了设计与施工的统一性。

园林基本要素具有生态性、艺术性、多样性、可变性和主观性特点。

生态性表现在现代园林建设中强调、注重的生态效应，这也是从城市绿地功能出发的根本点之一，不同的园林生境应创造相应的环境景观，山有山的特点，水有水的特色，山水特征整合也是设计与施工的整合，才能形成完整的优美生态系统。

艺术性是反映园林"水平"的重要方面，园林源于自然、走向自然，追求自然属性、寻求美的本性，这是园林艺术性的过程。人们到园林中来就是追求一种生活享受、文化享受和环境享受，园林的艺术性从古至今为人所接受，园林艺术涉及范围广、内容多，有具象的山、水、石、建筑、植物、游道等，更有文化内涵的意境与思想，这一特征成为园林设计与施工人员修养的主要方面。

多样性体现在园林场景和要素的多样，场景上不分空间，不分内外，都可作为园林艺术表现的地方，要素上其多样性就更多，如：园林景石在石种上就有太湖石、黄石、英石等，太湖石也有大有小，形体变化更是多样，"瘦、透、漏、皱"为其品质特点，没有一块是一样的，此乃自然鬼斧神工。又如：植物中的乔木，有常绿与落叶，常绿中有绿有红，落叶中更是千变万化，同种树木的姿态规格也呈多样性。再如：水体，有水质、水流、流速等变化，不同的季节，水体状况不同等，这些都是园林要素中多样性问题。园林场景和要素的多样性特征，要求设计与施工必须融合交流。

可变性主要针对自然地形、土壤、植物、水体等方面。地形土壤的可变在于竖向与改良，由于落叶、根系、地下昆虫（动物）及回填的影响，园林场地始终在变化中。植物具有"活体"特点，是有周期的生命体，其成长过程影响着景观，植物可有疏长密，可有密而亡，园林绿植的配植设计也因植物的生长、形态、苗源等难以在图件上把握施工，"号苗"环节要求设计者对实物做出选择，在"可变"中找到适合的苗木。水体也会因地质、河床、水流、季节、污染等因素造成景观上的可变。

主观性上由于艺术表现特性，任何人对于艺术的追求与欣赏都有不同的出发点。园林作为一种"实体"艺术同样具有这一特点，"能主之人"即可认为此意。"能主之人"可能是投资主管人，也可能是创作设计人，在园林设计与施工中其"能主之人"的主观性可谓是左右设计与施工的最大变数，"能主之人"的园林修养非常重要。有经验的设计者常在策划、设计前期准确地把握"能主之人"的"想法"，并围绕去完善，否则在设计推进与施工中不断变化，则"累苦"设计与施工人员，造成返工、浪费、拖延工期等。

分析园林基本要素特点，有助于设计、施工者准确理解、把握设计与施工关系，达成共识少走或不走弯路。

在研究中国传统园林的造园过程中，很难从科学角度找到"设计图纸"，中国传统园林"有法无规""有式无图"，口口相传，师徒相承，也许就没有"设计"这一概念。明代计成造园专著《园治》就是系统地论述了造园之"玄说"，而建筑营造则在北宋李诫的《营造法式》中就有了具体内容，成为当时的"建筑法规"，其内容特点是在群体布局、单体及构建的比例、尺寸的标注，以及用工计划、造价编制、工程顺序、质量标准等方面，有法可依、有章可循，促进了建筑营造的有序发展。现代园林建设则有了规范的设计标准内容与施工规范要求，设计上总体可分为方案设计、初步设计、施工图设计三个阶段，各阶段有各自的侧重点，有相应的内容、深度要求，从总体布局到做法大样详图样样齐全，成为施工的执行指导依据和标准。在项目开工时，还有设计交底过程，这时不仅在技艺上进行技术交底，更重要的应是"园林意境"的交底，这对大多数设计人员来讲也是考验其园林修养的时候。工程开工后还须现场"服务"，调整内容，竣工还要参与验收、资料的归档整理等工作，这些也都属于设计应该完成的内容。施工阶段则可概括为"进场""放样""开工""验收""移交"等阶段。

在古代园林建设中，缺乏园林设计这一环节，施工就是"总包"主体，建什么样的园林，依据"能主之人"的意见，全在建园者"心里"。中国传统园林源于自然，模山范水，以写意性的山水画为蓝本营造，这与现代科学的营建技术方法不同。园林有了学科体系后，就是要从科学的角度诠释其特点、研究其规律、制定其标准、推进其规范、落实其成果。现代园林建设，施工就是依据设计图纸做法制定施工计划，依据施工流程和相应规范标准去完工。注重园林的工程性、艺术性、意境性这三大特征才能很好地完成园林工程项目，其中园林意境的理解与把握同样也是施工人员必备的园林修养。

由于园林要素的特殊性、设计与施工的分工、园林素养的局限性等，使园林在设计与施工上更应趋于整合的必要，它不像建筑、市政等工程那样，设计、施工分得很清楚，园林的"活"性给施工带来诸多不确定性，园林施工会不断反馈给设计在现状、放线、选材、工艺等方面信息与要求，设计再反馈施工，从而不断完善、优化设计，指导施工，共商建设。

　　在这里不是讲园林设计的弱化，而是讲设计更重要，对设计人员的要求更高。设计人员在把握设计上既要准确，还要能指导施工人员去理解园林文化、设计意图，进而完成施工。可以想象如果没有园林修养，没有园林情趣与感悟的设计师如何去履行这一职责。当然这些要求主要是针对设计负责人、施工负责人的。只有不断实践，积累经验，才能成为合格的项目负责人。只要大家意识到这点，园林就能建设得更优美，更富于情趣。

　　选择了两个案例附图，表述从设计方案到施工图的变化，当然这过程中还有略去的设计方案调整。

附件一 某庭院设计与施工（一）

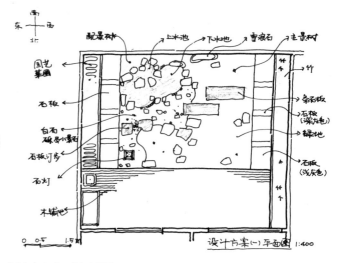

设计方案（一）平面图

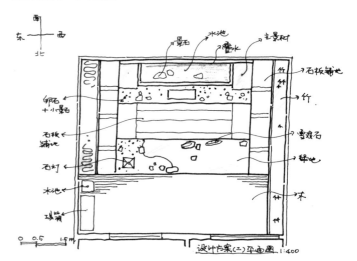

设计方案（二）平面图

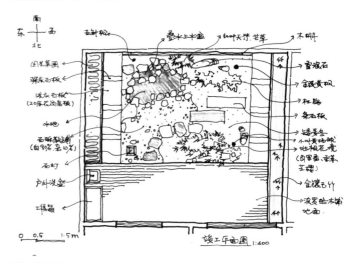

竣工平面图

附件二　某庭院设计与施工（二）

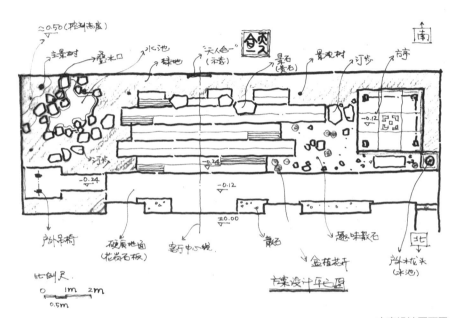

方案设计平面图

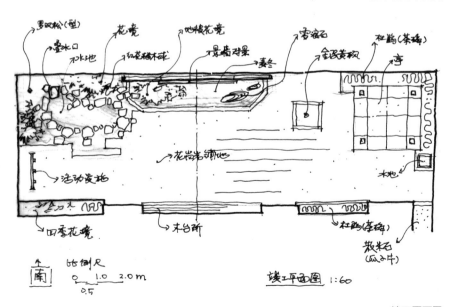

竣工平面图

参考文献

后记

参考文献

［1］计成.园冶注释［M］.陈植,注释.北京:中国建筑工业出版社,1981.

［2］童寯.造园史纲［M］.北京:中国建筑工业出版社,1983.

［3］童寯.江南园林志［M］.北京:中国工业出版社,1963.

［4］童寯.东南园墅［M］.北京:中国建筑工业出版社,1997.

［5］童寯.园论［M］.天津:百花文艺出版社,2006.

［6］刘敦桢.苏州古典园林［M］.北京:中国建筑工业出版社,1979.

［7］陈从周.园林谈丛［M］.上海:上海人民出版社,2008.

［8］陈从周.说园［M］.上海:同济大学出版社,2007.

［9］陈从周.扬州园林［M］.上海:上海科技出版社,1983.

［10］彭一刚.中国古典园林分析［M］.北京:中国建筑工业出版社,1986.

［11］孟兆祯.园衍［M］.北京:中国建筑工业出版社,2012.

［12］潘谷西.江南理景艺术［M］.南京:东南大学出版社,2001.

［13］朱有玠.岁月留痕［M］.北京:中国建筑工业出版社,2010.

［14］叶菊华.刘敦桢·瞻园［M］.南京:东南大学出版社,2013.

［15］文震亨.长物志［M］.上海:中华书局,2012.

［16］李渔.闲情偶寄［M］.江巨荣,卢寿荣,校注.上海:上海古籍出版社,2000.

后记

《园林拾论》得以整理出版，首先要感谢行业同仁的帮助与鼓励，感谢南京市园林规划设计院有限责任公司同事们倾心协力的支持与帮助，感谢家人的支持。在编写中查阅整理了本人历年著写的许多相关手稿，这也是对我长期业务工作的总结。本书在选择附图时以亲身经历主持、参与、指导的设计项目为主，部分图片等为在我院完成的项目资料上整理而成，考虑到著书特点，摒弃了"大型""完整"项目的表述，配以契合主题的"草图"为表现形式，虽显"粗糙"，但更具有可读性与亲切感。由于平时对"草图"收集的不够重视，也只能以现存的进行整理了。

在这里特别感谢：中国勘察设计大师朱祥明先生、江苏省设计大师成玉宁先生和江苏省设计大师贺风春女士，感谢他（她）们为此书作序，这也必将扩大本书的影响，助力园林事业的发展。

在编写过程中，编写组在姜丛梅的组织带领下有序推进。在付印之际一并感谢姜丛梅、承钧、周燕、陈伟、李平、江莉、徐旋、崔艳琳、郑辛、田原、陈啊雄、殷韵、杨玥、燕坤、肖洵彦、崔恩斌、陈彪、钱逸琼、朱巧、孙海澜、朱彦瞳、张晗、刘雨豪、朱宇轩、洪悠扬等，以及为出版筹划的责任编辑戴丽女士，谨对所有支持、帮助我的朋友致以诚挚的谢意。

李浩年

2021 年 7 月

2020 年 12 月 7 日于连云港云台山

李浩年

南京市园林规划设计院有限责任公司名誉董事长、研究员级高级工程师

中国勘察设计协会风景园林与生态环境分会副会长

中国风景园林学会风景园林规划设计分会副理事长

中国风景园林学会专家库第一批风景园林专家

中国勘察设计协会风景园林与生态环境分会优秀设计评审专委会委员

江苏省风景园林和生态环境分会常务副会长

江苏省勘察设计行业协会常务理事

江苏省风景园林协会设计专业委员会副主任

江苏省土木建筑学会风景园林专业委员会副主任

江苏省风景园林优秀设计评审专委会委员

江苏省优秀工程勘察设计师

江苏省勘察设计行业优秀企业家

南京市勘察设计协会常务理事

南京市园林学会规划设计专业委员会主任

南京市第一届历史文化名城专家委员会委员

江苏省勘察设计行业协会风景咨询委员会委员

南京民国建筑研究院专家学工委员会委员

东南大学专业学位硕士研究生校外指导教师

南京林业大学专业学位硕士研究生校外指导教师

南京农业大学风景园林学一级学科硕士学位授权点和风景园林硕士专业学位授权点评估专家

内容简介

《园林拾论》涉及园林传承与思想、园林设计创作、园林生态环境、园林与文化遗产、园林更新与发展、园林建筑与小品、园林与公共艺术、园林植物配植、园林庭院设计、园林设计与施工十个方面，包括正文及附文与附图，是作者长期从业的感悟与体会，具有可读性与示范性。本书从专业的角度系统地反映了园林的方方面面，对从科学、技术、艺术等角度去认识园林、营造园林、建设优美生态环境具有积极的意义。

图书在版编目（CIP）数据

园林拾论 / 李浩年著. —南京：东南大学出版社，2022.6

ISBN 978 - 7 - 5641 - 9749 - 0

Ⅰ．①园… Ⅱ．①李… Ⅲ．①园林–研究– Ⅳ.①TU986

中国版本图书馆CIP数据核字（2021）第214814号

园林拾论

Yuanlin Shi Lun

著　　　者	李浩年
责 任 编 辑	戴　丽
责 任 校 对	李成思
书 籍 设 计	皮志伟
责 任 印 制	周荣虎
出 版 发 行	东南大学出版社
社　　　址	南京市四牌楼 2 号（邮编：210096　电话：025-83793330）
网　　　址	http://www.seupress.com
电 子 邮 箱	press@seupress.com
经　　　销	全国各地新华书店
印　　　刷	上海雅昌艺术印刷有限公司
开　　　本	787 mm×1092 mm　1/16
印　　　张	15.25
字　　　数	300千字
版　　　次	2022年6月第 1 版
印　　　次	2022年6月第 1 次印刷
书　　　号	ISBN 978-7-5641-9749-0
定　　　价	198.00元

本社图书若有印装质量问题，请直接与营销部联系，电话：025-83791830。